JN064431

ランドスケープ疫学へ向かいて

－ ネズミ考 －

髙田伸弘

仲間内の活動風景を描き紹介することが

ランドスケープ疫学へ向かうことを自覚させる

そして活動が信心に通じるなら巡礼などと申して

カバーや表紙の写真は、ドイツ国ハーメンのパン屋のサインプレートとネズミ型の堅パン

目　次

まえがき（疫学とネズミ）

　はて、疫学とネズミにどんな関係があるのだろう、それについて本書の表題に至った経緯を絡めて起承転結の順でお話しておきたい。

　起　著者は、衛生動物学のうち、近年話題の紅斑熱群、SFTS（重症熱性血小板減少症候群）ほかの感染症に係る**医ダニ学**に携わり、媒介ダニ類の基礎生物学に分子疫学まで絡めて病原体の感染環を解くことを目的とする。その場合、生態圏の底辺を這い回るネズミ類は媒介ダニ類の供血動物として重要なので、著者を含む大学あるいは各県の衛生研究機関の関係者は協働して、下図に示すような調査を行って来た。

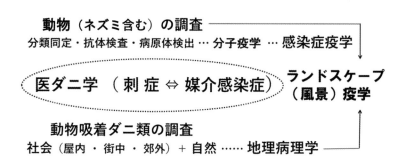

　承　上記の関係者は協働する場合は互いにメール交換を行うが、2007 年 9 月以降、著者は協働の円滑化のためにも機会あれば関係者へ**“ネズミ考”**なる話題の配信を始めた。話題としては、調査の連絡・検討の事項に始まり、やがてトピックス的な話に写真や図表を付することも増えて行った（折々の関係者も話題に登場しつつ）。

　転　しかし昨今は、関係者も職域の転属やご定年の向きが増え、またコロナ禍の勃発は関係者皆のフィールド往来をも多大に障害するようになった。にもかかわらず、媒介感染症の増加傾向は変わらず続くので、何であれ情報の発信は継続が望まれた。

　結　そうした背景で、上記のネズミ考として書き貯めた 50 余話の原文を読み返してみた時、それらはある種の「疫学」に通じる面が少なくないことに気が付いた。一般に感染症の発生要因の解明に努める分野は疫学と呼ばれるが、その中で、コロナもそうだが人獣共通感染症については、人間社会と媒介動物・供血動物（ここではダニ・野鼠）の在り方、またこれらを取り囲む地勢、植生また気象など言わば風景を多角的に観察することが求められ、上図にあるように**“ランドスケープ疫学”**と呼ばれる。言わば、調査フィールドの風景の中に身を置いて眺めることから疫学が始まるような？

だから、ネズミ考として描いた各話の風景は基本的には上記疫学に向かっていると思われる。そこで、年月順になっていた話題を目次のような大見出しで再編してみたが、その場合、国内外の調査行は楽しくもあったが、難儀も少なくはなかった意味で一種の巡礼として捉えた。また、話題に直接は含めなかった項目も補足として挿入した。

　いずれにしろ、この拙著が各地関係者に記憶を取り戻していただくきっかけに、また一般読者の方には疫学の基礎で何が行われ、考えられているかを理解いただく機会になれば幸いである。なお、青年期から長く共同して来て拙著に多く登場する藤田博己君がこの春に早逝したことも刊行への気持ちを早めた…　謹んで付記したい。

著者が国内外でおりふし集めたネズミ由緒の小物の中から特徴的な品を紹介する

陶製のデフォルメ／木工のデフォルメ／あまり見ない仰向け造り

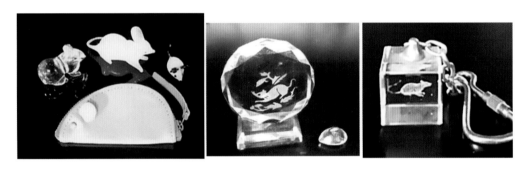

ドイツのハーメンで見かけたガラス細工や革製品

金属製品／陶器類（湯呑／干支のガラス絵皿）／プラスチック製品（写真立ての切り絵）

Ⅰ　ネズミを考える

1．ネズミの捕り方

　今回の下北トラップ行では収量が今一でした。とにかく、何をやるにしても試料を多く集めねば始まらないので、以下、あえて、注意事項を書き記してみました（髙田自身の反省も含めて）。

　捕獲数が少なかった理由は、次の項から述べるネズミ側のご都合が第一でしょう。ただ、本州北端の環境（夏と秋の定義が本土一般と異なる）は本土一般と同じか（地域により異なることが知られいる）、年による差異、ネズミ種ごとの差異など、関係の論文だけからは理解できない点もあるでしょうし、一般的に申せば、よく捕れる季節は春と秋、少なくも下北では夏の減少の底が９月かも？　来月参る四国山地でも標高の高い所は秋が早いかなと思われ、捕れ易い季節になりつつはあろうと望みを託しますが、でもトラップ一つ一つを吟味してかけるのがいいと愚考します（末尾の項を参照）。なお、四国のマダニはチマダニなどを中心に東北よりはかなり採れるでしょう。大豊町では恙虫病の時期になりますからタテも採れるとよいのですが（あの地域は、予想以上に寒いです）。

＜繁殖や移入との関係＞

　その地区の野鼠生息個体数は生け捕りワナで捕れる個体数に比例すると仮定して考えた場合、個体数の変化は、雌雄とも繁殖期の終わりに増加し、夏場に減少していき、再び 11 月に増加するといった風のパターンを示すのが一般的なようです。春と秋の個体数の増加は幼体・亜成体の出現と、移入個体が多くなるためと思われます。実際の観察の例でも、４月は雄は７個体と少ないが、５月になると個体数が急増し、その後の夏場（６、７、８月）に個体数が段々と減少するも、９月の繁殖期には再び急増します。10 月になると個体数が急減し最低に、11 月になると急増して、９月の個体数まで回復します。一方、５月・６月の個体数の急増などの場合は、幼体・亜成体の出現と多くの移入個体があったためで、その後の夏場の個体数の減少は移入個体よりも移出個体が多かったためです。９月に個体数が急増することもありますが、それはこの時期に雌を探して調査地に入ってきた個体が捕獲されたものとも考えられます。雌の個体数の変化に絞ってみる場合、４月には成体の数では雄と同じですが、５月になると雌の個体数が増加し６月にピークがあり、その後同じ割合で減少していき、授乳期の 10 月に最低になります。11 月になると個体数は急増します。大雑把に言って、雄と雌は大体同じような

パターンを示しますが、詳しく見ると、雄は雌に比べて移入・移出個体の数が多く、特に9月の交尾期において雄では多くの移入が見られ、その個体は10月には移出、これに比べ雌では雄ほど顕著な変化をみません。

＜天候との関係＞

　雨男と言われる私が申すといろいろ先入観が先立つでしょうが、晴が続いて乾燥すると捕れは良くないです（私は、晴れると捕れないねと頭で思うだけで、雨が降るように仕向けるわけじゃない）。曇天〜霧雨が最高で、ネズミは暗い天候だと日中でも動き回るくらいで、とにかく夕〜夜、朝方の暗い時間帯が長〜い日ほどトラップと接触頻度が高まります。ゆえに、捕鼠とハタ振り（マダニ採集）の作業では適した天候にギャップはあり得ますので、共同者ともよく話し合って、行動を立案、調整せねばなりません。

＜トラップのコツ＞

　調べる目的の場所が沢筋でいいのならどの季節でも概ね良好で、草藪・土饅頭、萱んぼ、森林縁の藪（それでも裸地はダメで草付きがほしい）などさまざまな環境でもＯＫです。一方、小道や土手の崩れた面に見える穴は一見アトラクティブですがネズミの出入りはほとんどなしで、また暗い杉の林内も良くないです（吸着ダニも少な目）。そして、いかなる場所でも表土が乾燥しているとまずダメです。生捕トラップは、直径50ｃｍから1ｍほどの範囲に数個の鼠穴がある場所に1個ずつを置くのが効率的です。良さそうな穴の直前にトラップを置くのも悪くはないものの、その穴でネズミの出入りがあればよいが、使っていない穴に当たると他の穴の個体がやって来るのを悠長に期待するだけです。実際に掛ける場合は、ざっと見渡せる範囲に、あるいは横一列に1ｍ間隔で5個かけると朝の回収時に数え易く、探し易いです（良い穴があったからと、あちこち3個、7個など半端な数にすると面倒で間違い易く、目印のタグなどを周囲に付けていても次第に総計が分りずらくなります）。それと、回収では親切心から、他人の掛けた分まで目が行って回収してあげたりしますと、互いに混乱する場面がよく見られます（生息密度を推定するためにもよくない）。ですから、単純な掛け方式にして時間ロスを減らした分、多くの地点に掛けて当たりはずれのリスクを減らすのがよいでしょう。なにしろ、はるばる遠路をやって来ながら収穫がないのは、正に坊主感しかなく…

　なお、近頃はプラスチック製のシャーマントラップなど多くの市販品があり、それは金属のように冷えないので入ったネズミも死亡しにくいでしょう。ただ、我々の調査では多数のトラップを国内外で持ち歩くため、折り畳み式（分解、洗浄も可）の必要があり、嵩む形状の市販品では難しいわけです。　　　　　　　　　（2007年9月25日）

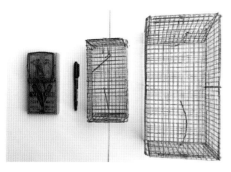

各種トラップ（左から圧殺式（パチンコ）／小型および大型カゴ／生捕用シャーマン式
（韓国の保温用木製、小型および中型アルミ製）
参考：圧殺用にはプラスチック製パンチュートラップもある（II - 2 話を参照）

野鼠の巣穴開口部付近に掛けたトラップ／たまに動物に踏まれることもある／近年の野鼠
優占種であるアカネズミ

野鼠類を数日も懸垂すると吸着するダニ類が満腹になり水盤に落ちる（懸垂法、寺村法）

2．トラップ一家

　K 坂殿曰く「ジャコウは食虫類なので昆虫類やマイマイなどを食べてることは確かでしょうが、トラップにエサで入れたサツマイモをかじってるような気がします。ソーセージと共にサツマも無くなってます。我々にとってはサツマでジャコウも捕獲できれば嬉しいことです」。

　おっしゃることは確かと思います。ちょっと前、ネットか何かでみたんですが、ジャコウは植物性も食べるようで、まあ肉食性の強い雑食性らしいですね。何処でも私が餌の混合をやってきたのは、食虫類もネズミも捕れるよう、また捕れた後でサツマから少しでも水分を摂ってできるだけ長生きしてほしいからです。それで、単純な考えから、誘因はソーセージ、入ってからはサツマも食え、ということです。ただし宮古島の場合は、早めに回収するし、かつジャコウもクマも共に強い種なので、サツマを付ける手間を省くため、脂っこいさつま揚げ一つにすることもあったわけです。しかし、より多く捕るためには、両方を付けて最善を尽くすのはいいと思います。何なら、固形飼料も入れたっていいでしょう。本土での場合、誘因性にオートミールをふりかけるというのがありますが（とにかく最善を尽くすという意味）、私の現地実証の結果では、オートミールは生息密度が随分低い地区に当たってしまった折は捕鼠率アップに有効ですが、ほどほどに捕れるような地区では効果の判定が難しくて、そういう場合の必要度は不明です。しかし、皆が捕れない時に私や Y 野だけが捕れた理由の一つになっていたかも？先日の仙台でも Y 野君だけが多く捕ったようで…　まあ、彼の場所選びもよかったと言うべきか？

　ところでもう一つ、宮古島でちょい試行したのですが、試料としてジャコウはとりあえず不要でクマネズミだけでよいという場合、サツマだけにしますとほぼクマだけが捕れ、どうやら選択的捕獲も可能らしいと思えます（更に試行せねばいけないですが）。

　こういった部分は、貴兄も私も語呂合わせで申せば「サウンドオブミュージック」の主人公の"トラップ一家"てなものですから、新しく調査をやり出した方や沢山捕りたいという向きが折角の旅費や日時をかけて現場に立った時には親切に教えて、トラップ一家へ迎えましょう。とは言いながら、今回はどんな餌、どれほどの掛け数、どの環境でやったら最善か、しかし毎回の環境条件も違うし…　新人に近い皆さんへは何を言うべきか逡巡しますよね？　でも、雨がちの日は夕刻も朝方も暗がりが長くて活動時間が長引き、加えて餌も乾燥しないために捕れはいいなどと申したら、小雨くらいは望むべしとか、わざわざ雨に向かって調査に出るべしとまで取られかねないので…　また余計な説明をせんといかんようになる？

（2008 年 10 月 9 日）

本当のトラップ一家が住んでいたザルツブルグの湖に面した屋敷／ザルツブルグの旧市街では毎夏モーツアルトにちなんだ音楽祭（遠くに見える有名な城址の山でトラップ試行）

追補

　ついでながら、トラップに関するやや古典的な文献を挙げます。これは野鼠類の基本的な生態とそれへの対応について分かり易く述べられてますのでご参考まで。

北海道大学農学部演習林研究報告第 34-1; 119 − 159, 1977
「野ネズミ類の生物群集学的研究」
太田嘉四夫、阿部 永、小林恒明、藤巻裕蔵、樋口輔三郎、五十嵐文吉、桑畑 勤、前田上田明、高安知彦（北海道大学農学部付属演習林ほか）

　1. 序 文
　2. 調査地の概況
　3. ネズミ類の食物とかくれ場
　4. ネズミ類とトガリネズミ類
　　　調査法、生息密度と現存量の変動、生息密度の変動、現存量の変動、　個体群構成の変動、ネズミ類個体の出現と消失、ネズミ類の齢構成の 変動、ネズミ類の繁殖活動、トガリネズミ類の生息数の変動、ネズミ 類の食性
　5. 考　察
　6. 摘　要
　　 文　献

3．目ン無いネズミ

　後述の「島々巡礼」にある通り、宮古本島北部の細い半島の先に、長大橋で繋げられた小島「池間島」があり、そこには野生化したクマネズミが多い。地元衛生行政は、それら家鼠に吸着して増えるデリーツツガムシ（同島で患者を起因）を抑えるために鼠駆除の方針を打ち出している。ただ、説明会の場で、各戸に餌箱方式での殺鼠作業を依頼しても、「あれは本当に効く？　死んだ鼠を見たことがない。薬を餌として与えているに等しい」など、同島の海洋民族と自称する誇り高い住民らは反駁する。本土の県でも使うヤソジオンは繰り返し充分量を摂らせないと殺せず、目の前で殺せたという実感はまるで伴わない。私もこの殺鼠剤の弱点を指摘していたのだが、土台、生捕しない限り、我々はネズミを見ることはできない。でも、ネズミは我々の方を日頃から見たり嗅いだりしている、すなわち、物の見え方や見方は見る側の機能や条件で千差万別、そもそも、視力(眼力、めぢから)は、心の眼などは別にして、次の様に分類されるらしい。

- ・遠くで動くものを見れる（望遠）
- ・広く見れる（視野角）
- ・多くの色を見れる（可視域）
- ・暗くても見れる（暗視）
- ・動くものの距離や速度を見れる（動体視力）

　では、哺乳類に限って視力を考えたとして、霊長類、牛馬、また夜行性哺乳類で異なり、さらに食肉性か捕食性か、小型か中型かにより千差万別、ではわがネズミではどうか、嗅覚や聴覚と併せて暗視動物に含めていいだろう。変な例だが、北海道衛研の I 東殿と日も暮れてからフィールドを歩いていると、彼の趣味領域の「蛾」が闇の中にうごめくのがよく見えるらしい。また、暗くなってから掛けるトラップ作業でも漆黒の藪にどんどん入ってゆく。でも、彼がネズミ並みと言うのでもないし、誓って、夜の蝶へのご執心はない。

　ところで、インドに、盲目の男たちが象に触って感想を述べる話があり、これを基にエド・ヤング（1993）が絵本「Seven Blind Mice」を書いた。7匹の盲目のネズミが象を触り、足を柱、耳を扇（耳？）などと言ったが、結局、全体をくまなく触らねば全体像（象？）は掴めないと言う、駄洒落に近い。一方、アガサ・クリスティ（1950）による「愛の探偵たち」という推理小説集には「三匹の盲目のねずみ Three Blind Mice」という一編が入っている。雪に閉ざされた山荘で連続殺人が起こって云々という筋書きで、昨年末、テレビのアガサ特集でもこれが出ていたと記憶する。面白いのは、この原版が、メアリー女王80歳を祝うラジオドラマ（1947）である「ねずみとり The

Mousetrap」としてアガサが執筆したものだったという点で、しかもこれは一つの戯曲（1951）としては世界で最も長い連続上演を誇っていたらしいのだが、ややこしいことに、さらに過去にはシェークスピアも絡む戯曲「Three Blind Mice」というのもあったらしい。とにかく、アガサにしろ、イギリスの伝承童謡の題名そのままを使っており、著作権の観念がまず無かった時代には、何がどうでもよかったのだろう。重要なのは、「マウストラップ」なる語をシェークスピアからアガサまで使っていたという事実であって、私らなどは「捕れるか捕れぬか、それが問題だ」と見栄を切って粋がってよいのである。しかし、目ン無い千鳥なら哀らしくて、お目を開けさせてあげたくなるが、三匹の目ン無いネズミなどは…　もう、いいだろう。　　　　　（2011 年 2 月 23 日）

草藪の地表に仕掛けたトラップにネズミが夜間に暗視野と嗅覚によって入る視角を想定

左：箱型トラップの入口から奥を見ると
　　餌が見えるから入ろうか？
右：入って餌をかじって踏板を踏んだら
　　入口の板がパタンと閉まった！

左：網トラップの入口から奥を見ると
　　餌がぶら下がっているので入ろうか？
右：入って針金に付いた餌を引っ張ったら
　　入口の網戸がカシャと閉まった！

[一口メモ]

　ネズミ忌避装置「ラットバニッシュ」というのがあり、これはネズミに紫外線を照射して退避させ、再び設置場所に近寄らなくさせるもので、障害されたネズミは仲間にも超音波で情報を伝えるらしい。ネズミは視力はともかく光には敏感ゆえに、こうした忌避が成立するという。ネズミじゃなくても、今の私などは高原や標高の高い場所を往来したり住んでいると、夏の日差しから逃れて木陰に入った時は、気象台の言う気温の高低による影響とは別に、眼そして体が楽になることははっきり判る。可視光線より紫外線や赤外線の方が知らぬ間に人間の感覚に打撃を与えるものである。

４．きらめき☆ときめきサイエンス（高校生とネズミ）

　12 月で高校も期末テストで忙しい時期ながらも、福井大学長名で採択された「きらめき☆ときめきサイエンス」という科学研究費によるイベントがこの 13 日に実施された。高校側の都合もよく聞かずに日程を組んだため１週遅れになった経緯らしい。この事業は、文科省の外郭団体の学術振興会が自身の科研事業の意義を宣伝するためのもので、それに相当数の大学が自県の学生獲得に逆利用したもの。それはお互い様として、形の上では科研の成果を基に理科系の面白さを披露せねば今回の業績にならないが、本学内で担当した３教室と事務局は、不肖私のところ以外は、大学の授業内容のダイジェスト版に終始した感もあるように思われ…　我田引水で恐縮ながら、我々は、高校１，２年の生徒に興味を持たせつつ科研の高邁な（？）思考も紹介せねばと思い…　それなら何がよいか、そうだ、野鼠の解剖、試料処理、遺伝解析への行程を体験させるのがよかろうと考えた。それは自然環境由来病原体の探索という題目、対照として社会環境由来病原体の探索ということで福井衛研の I 畝殿の協力で主な食中毒菌の扱いも加えた。感染予防、消毒方法、マスクや手袋装着の意義、国内外の感染症の現況まで紹介するものになったので、大いに生徒のためになったと思われる。

　その結果として、後記の新聞記事にみる通り、圧倒的人気となった。おそらく、こんな形で野鼠解剖を公開した例はひょっとして全国初かなとも？　これも社会の意識を深めてもらう、啓蒙する研究班の業績だろうて（大笑）。

　使ったアカネズミは、寒い時期とて、３割ほどの生存率で捕ってきたもの、しかし、耳にはツツガもついていて、生徒も引率先生も「おお～」と反応がよかった。こんな生物界の断片なんて、怪しげな怪奇映画でも見かけるはずはなく、覗いたこともあるわけなく驚いたろう。いずれにしろ面目を施したアカネズミたちであった。ところで、このネズミを実習室へ運んでもらった教室補助員の I 丸さんが、今回のネズミはフルーティーね、とおっしゃった。何のことない、給水のつなぎにとケージに新鮮なリンゴ片を入れておいたので、富士林檎の蜜の香が漂っていたのだった。私らにとっても、いろんな意味で、想定以上にフルーティーなネズミたちとなったものだった。

（2008 年 12 月 15 日）

参考

　福井新聞オンライン版 http://www.fukuishimbun.co.jp/にみる高校生体験の記事

高校生にフィールド（本学の裏山）で捕鼠作業の段階から体験してもらう

医学部の実習室にて高校生に野鼠やダニ類の処理を試みてもらう（できれば本学学生の医動物学実習でも取り入れたい内容であるが、100名以上で行うのは不可である）

高校生が得た野鼠試料についての検査を見学させる（福井県衛生環境研究センターのＩ畝氏）

5．野鼠試料の価値判断

　野鼠試料で研究を進める場合の功罪と言えば、人の代わりに拉致した野鼠なら何でも調べられる便利さは大きな功として、得られた試料の価値を過大評価すると成績に過誤を生じさせる罪も生じます。つまり、どういうダニ類が、どの季節に吸着して、どういう病原体を媒介するかをよく考えて、捕鼠の時期や種類を目指さねばなりません。また、やりかけた調査で、これという必要性が出てくれば、周年（執念）の調査も必要になります。うっかり、野鼠類をして、その地域の定住者だと過大評価しがちですが、実際は、自然死や共食いなどもあり、平均余命は長くても1年半に過ぎないとか、言わば、その場限りで現れては消える動物ですから、一定の年数を生きる大中動物とは違った見方が必要です。春から夏に捕れた場合、前年からの越冬個体であったなら捕れるが勝ち（価値）ですが、その春に生まれた幼獣（子鼠）だったら思い切ってリリースして捕獲数に入れない方がデータは安定します。まあ、春生まれの子が成長過程でどれだけ感染環に暴露されてゆくかを見守るなど悠々自適の研究ならば捨てられませんが、少なくもやみくみに捕鼠率を競う？のじゃなくて、釣果の判定基準には齢別を導入すべきでしょう。下記の表に見る通り、幼若個体はダニに暴露がありません。何か報告書や論文作成の時にある若い方々はこういう点も配慮願います。　　　　　　　　　　（2009年1月7日）

2009年5月　豊岡市郊外の調査記録（抜粋）

年月日　　種　No.　性齢　　　血清　血餅　脾臓（腫脹）　肝臓　耳介

■出石町登尾トンネル（国道426沿い集落裏のネット沿い草薮；標高400m）

年月日	種	No.	性齢	血清	血餅	脾臓（腫脹）	肝臓	耳介
090510	アカ	1	♀成	○	○	○（−）	○	ツツガ、マダニ
〃	アカ	2	♀若	○	○	○（−）	○	−
〃	アカ	3	♂成越	○	○	○（−）	○	ツツガ

■出石町加陽の出石川五条大橋（西詰の南側の杉林縁；標高200m）

090511　回収トラップの内外に糞のみ付着

■大篠岡の三開山北麓（県道536沿いの穴見杵神社の周辺笹薮；標高200m）

年月日	種	No.	性齢	血清	血餅	脾臓（腫脹）	肝臓	耳介
090511	アカ	1	？幼	心血	−	○（＋）	○	−
〃	アカ	2	♂成越	○	○	○（−）	○	ツツガ
〃	アカ	3	♂成死	−	−	○（−）	○	ツツガ
〃	アカ	4	（網カゴ移し中に逃亡）					

6．鼠輸送から捕鼠の規制へ

　「鼠輸送」はねずみゆそうと読む。太平洋戦争の後半に、日本軍は南海の島々へ兵員や物資を足の遅い輸送船で補給するのが難しくなった。そこで、本来は荷積みに向かないが足が格段に速い駆逐艦にギュウギュウ載せて、攻撃されにくい月のない夜を選んでは島めぐりをした。これはある程度は成功もしたが、小中型の兵器と一緒に載せられる２等兵にしてみれば、ネズミが夜な夜な姑息な行動で餌を漁るに似た雰囲気から、自嘲的に「鼠輸送」と言った。

　さて、船に乗って海を渡り分布を広げることが知られるのが家鼠のラット属であり、検疫法でも船によるラット属の渡来には注意が払われ、例を挙げると、ラット属に付いて入ってくるケオプスネズミノミ（ペスト菌の媒介種）の存在が時には云々される。では、我々がダニ媒介感染症の絡みで興味をもつことの多い島嶼、離島の場合はどうか、矢部らによれば、特殊な南海の孤島群である小笠原の例では、ラット属が船で島に入って増殖してゆく経過はよく目についたらしく、残された歴史資料や口伝によれば江戸時代後半からの侵入であるという。一方、琉球弧（南西諸島）では、琉球王朝あるいはもっと昔から船が頻繁に往来して国内外の人や物資や家畜が行き交った背景があるだけに、ラット属がいつ、どのように、どの列島や孤島に侵入ないし消長したかは、本土の固有土着の動植物の場合と異なり判然としない。だから、今、我々が宮古列島に通って、本島北端にくっ付いたちっぽけな池間島に増殖するデリーツツガムシを調べているものの、その宿主になっている野生クマネズミなどラット属が東南アジアの生態系では如何なる位置を占めるものか、不思議でならなかった。そこで、地元博物館長にお尋ねしたり、人文地理的な資料や歴史事象を探ってみたところ、この岩礁性の小島に現在のようなキビ畑中心の生態系が成ったのは近代（それも大正〜昭和時代に大きく展開）であって、ここのデリーツツガムシはけっして大昔から東南アジアの生態圏の一角として維持されて来たのではないことが判った。この島の漁師さんたちは自分を海洋民族と称して、南西諸島唯一の遠洋漁業基地を同島に置き、台湾ほか南洋各地と船で頻繁に交流して、時にヤシなどを台湾から移植することさえあったという（島の伝統を伝える団体が残した移植事業の記録資料あり）。そうしてラット属がデリーツツガムシを付けて持ち込み、あるいは移植した植物の土壌にデリーが混入していると、港に接するキビ畑で容易に増殖したのだろう。実際、この島のラット属の脾臓、ツツガムシ個体、さらに患者住民から検出された病原オリエンチアの遺伝子は解析によれば正に台湾系であった。

　さて、こういった事象の間接的な裏付けになろうか… 東京医科歯科大のＴ盤らは、東アジア一帯でラット属の心肺に寄生する広東住血線虫につき遺伝的多形性につき調査

をされている（我々も仙台市内の河川敷で極東紅斑熱を調べる中でドブネズミから同虫を得たので提供した）。

　その解析論文の中から、広東住血線虫のハプロタイプの地理的分布を示す図を以下に挙げて説明しよう。

　宮城（仙台）株は神奈川と愛知とで相同な一つのグループをなす。大きな港湾をもつ関東圏には様々な地域と相同なタイプが見られるほか、石川県の株は日本海を挟んで中国大陸と、そして南西諸島の株は台湾や小笠原など南洋の島嶼と相同性のタイプが多い。そして考察では、これらハプロタイプの分布は地域間を交通、流通するラット属の移動（人間にお供して）が要因だとされる。思えば本図に示された海域は、あの日本軍が決行した輸送の経路とも重なり、正に病原体にとってラット属は駆逐艦で、さながら「鼠輸送」であったと言えよう。

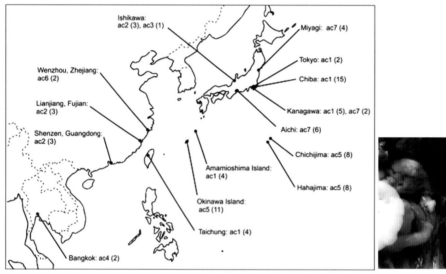
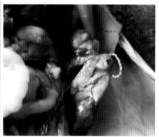

仙台市内の河川敷のドブネズミ
にみた広東住血線虫

　ところで、Ｆ田殿は、先ごろ自宅に回って来たお知らせに眼をむいた。今、放射能汚染で大変なはずの福島市内の耕作地で、野鼠駆除をするから注意せよとの高札らしい。ヤソジオンによる駆除は、繰り返し撒いて、野鼠の死体確認などもして有効性判定をせねばならず方法論的に難点がある上に、彼が眼をむいた点は、農業者はむげに野鼠を殺せるらしいということで、そこに法的根拠が在るものか県内関係機関に訊ねたところ、在るとされたらしいのである。

　この背景には、10 年前に環境省が改定した「鳥獣の保護及び狩猟の適正化に関する法律」の経緯がある。農水省では農業者が困るから家鼠類は対象から外すほか、野鼠についても農業者は捕獲許可は不要という形に持ち込んだが、厚労省関係は何も対処しなかった。対象がネズミごときであっても、<u>何らかの目的をもって捕る場合は許可を要する</u>という。ブルドーザーで山林を引っ掻き回す邪心のない方々は、どんなネズミを轢き殺そうが、お咎めはあり得ないのである。法律文の冒頭では、この法律の対象は狩猟動<u>物で、法定の猟法である</u>といいながら、本文途中からはネズミ類を含むようになって来るが、この経緯も理解しにくい。ともあれ、国有林や地権者の地面でやる捕鼠行為だから許可制でいいだろうという説得もあるが、地権者による同意だけでも事足りるのではないか？　もちろん、保護種ないし保護地区でのことはしっかり許可にすれば足りるので、我々が普通種ネズミを根絶やしにするくらい多量に捕れるはずもなく、むしろ、野鼠の生息数を適正に保つ手助けになるものを？　韓国などの研究者は、保全地区を含め全国立ち入りご免（有料道路までタダ乗り）の免許証を与えられているのに比べ、わが国では自然保護に逆らう国賊扱いに近い。私は毎年、多くの県で許可を取り、鳥獣保護区や休猟区を含めて当該県一円での「捕鼠権」を確保して来た。そこには、今よう生類憐れみの令に反省を求める「捕鼠自由の作戦」である。必要なら、研究者の業績を確認した上で免許証を発行するなどの適正化もできるだろうに。そこで F 田殿は、我々が農業者と共同して駆除目的で自由に捕る、捕鼠農業共同組合の誕生を説く。そうなれば、各地農協の間で家鼠も野鼠も流通、融通が始まり、これこそ「鼠輸送」の復活となる…かそけくも寒い日本の冬物語である。　　　　　　　　　　（2011 年 3 月 16 日）

国内外の遠隔地や山間調査では可能なだけコンパクト化した器具を種々に持参するが捕鼠許可証だけは無いので同道の呉先生の免許証による（韓国の山村の民宿にて）

７．半世紀の捕鼠記録から判ること

　筆者らはダニ媒介性感染症の研究のため、ヒトを拉致できない代わりに自然界の病巣に棲む野鼠を捕えて検討して来た。そうした中で、近年は例えばハタネズミが捕れない状況がはっきりして来た。そこで、その原因を探るため、手近なところで著者らが携わって来た半世紀の捕鼠記録を総括して、野鼠の生息動向のあぶり出しを試みた（髙田ら；日本衛生動物学会、第 74 回大会、京都、2022）。以下に、その概要を紹介する。

　方 法

１．年代ごとの定点調査でなく、半世紀にわたり、広い地域で、筆者らだけで行われた捕鼠の記録を後方視野的に眺め、野鼠の生息相の変遷を探る。

２．この方法の正当性は、長い時代の中で蓄積されたひとつのビッグデータめいたものを総括して野鼠相の変遷の方向性を偏りなく探る点にある。なお、筆者ら同一術者が同じ手法で半世紀続けた調査なので、何かブレのような要因は少ないと思われる。

３．今回の総括の対象とした捕鼠調査地区は東北中部から関西圏までとする（図１）。筆者らの調査自体は東北地方北部や北海道、また中国四国地方から南西諸島方面までも多数回に亘っているが、長い年代を通じて調査を繰り返された地区を観察するため中日本での調査を主体とした。また、今回は食虫類を含む野鼠だけが対象で家鼠は含まず、捕獲された個体ごとの性別や発育度も区別はしていない。

　成績

　筆者らの捕鼠記録の推移を、古い年代、中間の年代および新しい年代の順に３区分して、それぞれ地方・地区ごとに、何の種類が捕れたか頭数を合算して示した。

　まず、古い年代として半世紀前の 1970 年代を見ると、アカネズミもハタネズミも同じように捕れて、ヤチネズミ系（トウホクヤチネズミやスミスネズミなど）や食虫類もほどほど捕れて、全体に健全なフィールドの姿であった（表１）。

　次に中間の年代として 20 数年前の 20 世紀末の頃を見ると、アカネズミが随分と増えたのに対して、ハタネズミはまだ見えるもののかなり少なくなっている。食虫類もいささかまばらになっている（表２）。

　さらに、新しい年代としてこの 10 年間を見ると、アカネズミが全く勢いついている反面、ハタネズミは完全に捕れず筆者らの収穫としては消えてしまっており、同様に食虫類もジネズミだけが少々という状態である（表３）。

　考察

　今回はビッグデータ的な基盤からおおよその傾向を知るのが目的なので、細か過ぎる考察はむしろ省きたいが、野鼠の生息相が著しく変化してアカネズミが優勢になりハタ

ネズミあるいは食虫類もが消えた、逆に表現すれば、ハタが減衰した結果としてアカが拡散し始めた時期（転換期と呼ぶか）というのはいつ頃なのか、それを大雑把に言うならば 1900 年代後半から 2000 年代に入る頃かと思われる。実際、いくつかの県のレッドデータブックではハタネズミは準絶滅ないし絶滅危惧種にすらなった時期とおおよそ合致している。

　ではそうした変遷を後押しした要因は何であったか、それは月並みながら、第一に温暖化であったと考えざるを得ない。全国的に、2000 年前後から平均気温の上昇傾向が強まった事実は気象統計で普通に見られる（図２）。そうした温暖化が、基本的には北方系であるハタネズミの仲間にバイアスがかかったことは推測できるし、加えてハタネズミの棲息を障害する地理的、社会的な悪化要因（草原環境の枯渇あるいは都市化など）も拍車をかけたと思われる。

　では、こうした野鼠相の変遷の行く末、たとえばハタネズミ相の回復などを含め、方向性が変わり得るものか否か、それは今後の課題として継続観察したく思う。

（2022 年 5 月 10 日）

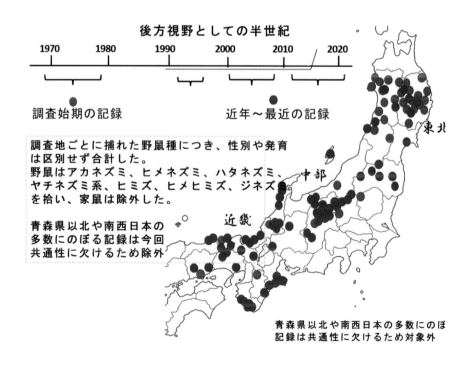

図1　総括の対象とした年代と地方・地区

表1　古い年代における捕鼠記録

1968〜1978	地区	アカ	ヒメ	ハタ	ヤチ系	ヒミ	ヒヒ	ジネ
東北	鷹巣			3				
	川井			2		1		
	久慈			3				
	男鹿			3				
	雫石			5				
	花巻			2				
	八幡平	4						
	大曲			10				
	太平山	8		1				
	雄勝	1				1		
	東和			1		1		
	平庭			3				
	盛岡	4		2				
	竜ヶ森	6	4	2		1		1
	岩泉	4	1	2				
	田沢湖		2					
	北上	2				2		
	釜石			2				
	花巻	1						
	鳴子	4						
	陸前高田			3				
	宮古			3		1		
	一関	3						
	矢島	3		1				
	羽黒山	6				1		
	酒田			6		2		
中部	日光市	3	6			2	1	
	六日町	7			1			
	妙義山	2						
	清里	1			1			
	永平寺				4	1		
近畿	城崎	1	1		1			
	奈良	4						
	金甲山	2						

半世紀ほど前の捕鼠記録

・アカがなくてもハタはあり

・中部以南はスミスもあり
　東北でも高地ならみる

・食虫類もほどほどあり

表2　中間の年代における捕鼠記録

1993〜1996	地区	アカ	ヒメ	ハタ	ヤチ系	ヒミ	ヒヒ	ジネ
東北	会津坂下	12						1
	会津若松	13						
	喜多方	8		1				3
	只見	10						1
中部	倉渕村	19						
	榛名	6						
	中条	4						
2001〜2008								
東北	岩手山麓	3						
	早池峰麓	8	3		1			
	北上	14		1				
	和賀	5	2					
	五葉山麓	4	1			2		
	酒田	6						
	鳥海山麓	5	9					
	佐渡	7						
	仙台	6		3				
中部	尾瀬	1	2		1			
	草津	5						
	軽井沢	68	11	3	12			
	佐久	10	9		6	1		
	湯の丸	13	1		5			
	蓼科山麓	4						
	清里	1	2					
	白馬岳麓	25	11			1		1
	飯田	1						
	能登	3					1	
	白峰	8	1		1	1		
近畿	豊岡	11	7	1	2			1
	岩美	3						
	京都	5	6					
	田辺	5	3					
	古座	13	1					
	岡山	8						

近年の捕鼠記録

・ハタは東北でもまばらに

・中部以南でヤチ系はみる
　（東北でも高地ならみる）

・食虫類もまばらに？

表3　新しい年代における捕鼠記録

2012～2021	地区	アカ	ヒメ	ハタ	ヤチ系	ヒミ	ヒヒ	ジネ
東北	太平山	7	1					
	小野	3						
	いわき	13						
中部	嬬恋	2						
	須坂	1						
	真田				1			
	小諸	6						
	白樺湖	5	1					1
	白馬岳麓	9						
	高森	7						
	飯田	6						1
	高山	4						
	志賀	13						1
	金沢	5						
	荒島岳麓	8						
	大野	20	1		1			
	永平寺	15						1
	敦賀	3						
	美浜	4						
	高浜	4						
	養老	2						
近畿	福知山	4						
	豊岡	26	3					
	養父	3						
	六甲山	1						
	伊勢	12						
	鳥羽	4						
	大台	3						
	大紀	18						
	紀北	2						
	田辺	4					5	
	上冨田	3						
	白浜	6						4
	すさみ	4						

最近の捕鼠記録

・アカばかりでハタなし

・高地でもヤチ系は減衰

・食虫類はジネズミだけ

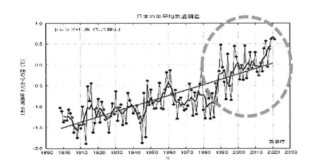

図2　日本列島の気温上昇傾向

野鼠の優占度が大きく変わった時代は筆者らのデータからはおよそ1900年代から2000年代に入った頃と見えたが、周知の日本列島の気温上昇の傾向とおよそは同期する

補 足（ネズミが医ダニ類を育てる／医動物分布の交差点）

ネズミが医ダニ類を育てる

　まえがきで示唆はしたが…　筆者や関係者らがネズミを調べる意味や目的は、感染症媒介ダニ類との関係性を探り、人間社会での疫学対応の一端を担うことである。

　生態系の底辺動物であるネズミには、医ダニ類の特に幼若期が吸着ないし付着して生きている、すなわちネズミは医ダニ類を育てる揺り籠だと言ってよい（髙田ら；医ダニ学図鑑、北隆館、2019）。

1．ネズミに付く医ダニ類の類別

　話を簡単にするため大雑把な類別を言えば、コダニ類（体長 0.2mm 内外のツツガムシ）やマダニ類の幼若期（体長 0.5〜1 ㎜内外）は皮膚に吸着して吸血、その際に病原微生物を受け渡す。毛被に付着するだけのコダニ類も種々あるが媒介性は問題になっていない。では、邦産のマダニ 60 数種とネズミ数種はどうお付き合いしているのか、これは人間も虫の社会も同様で、いささかの偏りやえり好みがある。

1．マダニ属の大半は中部以北の環境に多く、その幼若虫期はネズミに吸着する。
2．チマダニ属の大半は南西日本に多く、幼若期はネズミに付かず中型動物に付く。
3．成虫は種により体長数㎜から 1 ㎝ほど、多量に吸血して膨満するため、中・大型動物（ヒトを含む）に吸着するが、概ね大型マダニ種は大型動物に寄る。

2．小型ネズミが大型カクマダニを育てる

　前項 2．のチマダニ属にも例外的に幼若期がネズミを好む種がいくつかはあり、ネズミ自体が拡散し易い動物ゆえに紅斑熱リケッチアなどの発生と密接な関連がある。

　さらに注目したいのが前項 3．で、クマやイノシシなど大型動物に付く大型のカクマダニ属の幼若期は逆に小型動物のネズミに専ら付くという妙がある。本種は東アジアで均一の *Dermacentor taiwanensis* タイワンカクマダニとされて来たが、Apanaskevich ら（2015）は邦産個体群は別の近似種 *Dermacentor bellulus*（新称ベルルスカクマダニ）に改めるべきことを示唆した。両種は別々の研究者が同じ 1935 年に同じ台湾の別標本に基づき記載した曰く因縁物で、筆者らの再検でも邦産は *bellulus* と同じと認め、Cox1 遺伝子解析によっても国内各地産はすべて同一と確認した（髙田ら；第 74 回日本衛生動物学会大会、京都、2022）。本項では、ネズミに付く幼若期の特徴を特に示しておくが、その意味は、本種の幼若期が幾多のマダニ類の中でもネズミに付く頻度が高い点にあり、吸着されたネズミが生態圏の底辺で病原体を拡散する可能性が大と思われるためである。以下、筆者がアカネズミから採集したカクマダニ幼若虫の記録を示す。

・福井県若狭湾岸で 2014 年から 4 回調査し、計 16 頭から幼 15 と若 8（最大幼 13／頭）

・石川県金沢市角間で 2021 年に 3 回調査し、計 12 頭から幼 5 と若 1

　幼若個体は被毛がなくてむき出しの耳介に主に吸着するものだが、このカクマダニの幼若期ほどに小型ネズミに頻度高く付くマダニ種は見ない。

D.bellulus（ベルルスカクマダニ）と *D.taiwanensis* の形態比較

邦産と台湾産のDbを台湾産Dtに対比させてある。
右は成虫♂♀、下左は若虫、下右は幼虫の特徴を各々まとめた。
台湾産のDbとDtはApanaskevichら（2015）
J. Med. Entomol., 99–99 から改写

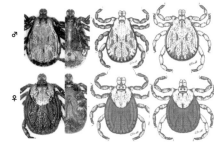

成虫（上♂下♀）　　邦産 Db　　台湾産 Db／Dt

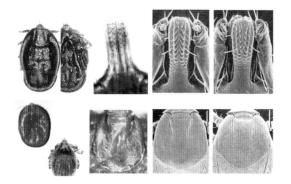

若虫　　　　邦産 Db　　台湾産 Db／Dt

背板の形状や口下片の歯列数で明瞭に鑑別
人体吸着では赤く、ネズミ吸着では紫になる

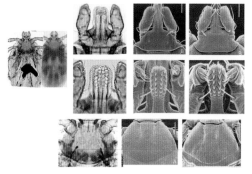

幼虫　　　邦産 Db　　台湾産 Db／Dt

顎体部、背板ほかの形状で鑑別
人体刺症は知られない

3．命名のロジック

　今回のタイワンカクマダニの例から派生する重要な話に簡単ながら触れておきたい。ネズミもマダニも学名あるいは和名や型名を付するには（学名だけは規約あり）、その種の性質を表す言葉や献呈した人名そして地名も用いられる。で、地名の場合にしばしば国名まで用いられるが、これが大きな問題になり易い。日本国にも在るタイワン云々だぞと言われて来て、実は台湾産とは異なるものであったのが上述の話だし、ホンドやエゾ、トウホクなどを冠されたネズミの在り方が医ダニ類とシンクロするか否かは微妙なことも多く、情報や交通が普及して昔より視野が広く細かくなった現代では、国名はむろん地名を冠した命名は避けるべきである。

医動物類の在り方と分布相

　動物や虫類につき医学との接点ないし関連性を調べる分野を医動物学と呼び、当然ながら関係者には動物学、ダニ学、昆虫学、公衆衛生学、微生物学、皮膚科や内科学など広い分野から参加があり得る。そうした中で、調べる材料自体としての動物群が互いにどういう分布をしながら交差ないしは境し合っているのか…　それは媒介感染症や傷害の発生模様にも直結するので、大雑把に画像で示して把握の一助としたい。

1．動物や人間と医ダニ類の絡み合い

　感染症の媒介役を担う医ダニ類は自然界（居住区に入り込んだ部分も含め）でどのように動物や人間と絡むのか、マクロもミクロも合わせた場面、加えてそれらを調査する調査関係者の姿まで実践的な画像を見る。

叢に直接は座らない／できるだけ草に触れない／草に触れると待機したダニ類が乗り移る

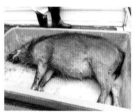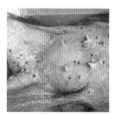

大型野獣（シカ、イノシシ、クマなど）に医ダニ類が吸着（腹から生殖器にかけては特に見やすい）／イノシシのぬた場などは、山野で個別に、また田畑では集団利用の光景も

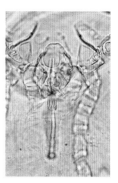

各地で多くの成獣ネズミの耳介（被毛なし）にツツガムシやマダニ幼若虫などが集まる／表皮に口器を固着させる／唾液で表皮を溶かしてトンネルを穿って血液や組織液を吸飲

黒布に置いた草先のツツガムシ塊が崩れて無数の点として拡散／時に野獣（写真はタヌキ）の遺体があれば調査員は集中して試料採取してワイルドライフの有効利用に努める

しばしば疫学問題のある地区やポイントに関係者が集まって調査する／マダニ類は草藪や牧草の先端で宿主へ移乗を待つ／そうした植生をフランネル布で掃けばマダニが付着する

2．動物由来感染症の分布相

　ネズミなど底辺動物から大型動物まで、それらに吸着するダニ類の分布に従う感染症の発生域について、主に筆者らが現地調査で得た資料からおよそを紹介する。

日本列島と周辺地域にみる医ダニ類と媒介感染症の分布相（感染環の底辺でネズミが関与）

アジアにおいて医ダニ類を中心とした衛生動物群の拡散経路（交差や境界に注目）

Ⅱ 本土巡礼

1．間宮林蔵の道（道北地方）

　先日、宗谷丘陵、サロベツ原野、そして利尻・礼文の島々の調査へ行って来ました。私が着いた日は日和がよくて、ところが翌日は F 田殿が着いてまもなく天気が傾き、オホーツク寒気団のすごい冷風と氷雨（福井の冬より寒くて体感はチルド食品の気分）が始まりましたが、帰る日はまた晴れました。まあ、そういうお天気談議は別に、捕鼠作業でもいろいろありました。仕掛けた地点からずっと遠くへ、あるいは横の小川の水中へとトラップが散乱している…キツネの仕業です。いくつかのトラップでは中に野鼠の頭胸だけ血だらけで残っている、キツネは頬の細い部分だけをトラップの口から入れる、中の野鼠は奥の壁に前足でしがみつくものの体後部だけパクっと食われギャーと叫ぶものの私らは助けに来てくれない、そういう場面だったのでしょう。食われたのはヤチだけ、アカが食われないのは偶然か、身をかわすのか抵抗するのか、好みの問題か？

　「バコンバコンと長靴で走るような音が近づいたら、それは私じゃなくてヒグマだから逃げて下さい」と道衛研の I 東殿が言い残して半時ほど、ガサガサとすごい音がするので驚き見れば、I 東殿がタケノコをつかんで飛び出す、私の心臓も飛び出す。ベルグマンの法則で、道北のヒグマは大きいそう、エゾシカの足跡もある、キタキツネも向こうで様子をうかがって「あんたらがトラップを回収するのか、ちゃうならあっしが頂きやすがね」…　ああ、寒い、身も心も冷え冷え、でも、周氷河地形の丘陵など悠々たる大地はいいものだ。サロベツは広がり過ぎて何にもない、原生花園なども一端を眺めるだけで楽しむ時間はない。マダニは山の尖った利尻島よりも、花の島の礼文島で多いことが分かった。今回の記録一切が新記録。ただ、利尻島でのヤチ系の同定がつかない、地元博物館員の話でも文献にても微妙で、ムクゲとタイリクヤチの区別がどうにも？それと、野鼠は北海道ではどこでも満遍なく捕れるらしい情報も多いが、地域によってはムラがある。こちらで捕れても、あちらの 50m 離れでは捕れなかった、ということが結構あった。本州でもそうですが、同じ地区内でも、ちょい手間を惜しまずに 50〜100m あるいは 1km でも離して必ず複数地点（環境植生の違いも含め）でやる、これで収穫ゼロの坊主を避け得ることは多いという改まっての教訓でした。

　ところで、今回の道北調査の初日は稚内空港に着いたのですが、すぐその足で、興味深い氷河地形の宗谷丘陵を巡って宗谷岬に出ました。岬では、間宮林蔵が地平線の樺太（サハリン）を見据えて立ってましたが、その夜のこと、稚内市の宿でテレビをつける

と、NHK 番組「その時歴史は動いた、間宮林蔵」が映ったではありませんか、グッドタイミング… 番組を観てゆくと、この人は随分しつこい人間であったようで、宗谷あるいは江戸と樺太の間を行ったり来たり、もういやだと言いながらまた行く、終いには大陸内部まで入ってひどい目にあう。あの時代に樺太で数か月も過ごすなどは考えにくいのですがね。私がフィールドに出る時、雨が降る中へわざわざ出かけて行くように見えるか知れないですが、それはたまたまのお天気の巡り合わせであり、雨が降るから出かけたり、まして出かけると雨が降るのじゃありません。でも間宮の場合は、ああいった樺太の環境に入りたくて出かけたものであり、おかしいですね？

　実は、ちょうど今しがた、南国宮崎県の Y 本大隊長殿から次のようなメールが届いたんですが、これも何かおかしいような？…「九州は梅雨の盛りです。連日の雨の中での捕鼠の経験がありません。雨が上がった翌日には沢山捕獲できた経験がありますが、1 週間ずっと雨という状況でも通常のやり方で捕れるものでしょうか？」 これは質問か、やや婉曲な否定でしょうか、誰に向かっての連絡なんでしょう？ 「はい捕れますよ」と私が自分のさがを肯定してしまうと自業自得になりましょうし… どうやら、私は風邪のせいか、文章で人称の取り方が乱れがちになりつつあります。明日にも福井へ帰れば連続の授業で、足がもつれて裾を踏んで転ばぬよう、もう早退して寝ます。

（2008 年 6 月 17 日）

追補

　宗谷地方では、山林、湿原、笹原、砂丘（笹）、登山道を問わず、密度に相当の差異はありながら一切の環境に *persulcatus* が浸淫、時には *pavlovskyi* もいくばくか混じります。全体を通しての印象では動物の集まる沢筋や林道など水っ気の多い環境でとれやすいということは当然でした。周辺の島嶼では採れなかったが *ovatus* はごくわずかにいました。尖った利尻島よりも花の礼文島でマダニの多いことも分かり、大陸と共通性の高い植生などと比例も？ また、礼文島では、宗谷地方を通じて唯一、*flava* の 1 個体が採れました。そして、宗谷一帯の野鼠寄生の幼若虫は *angustus* と *persulcatus* でした。宗谷の環境はサハリンと同じです。道衛研など関係の方々は、サハリンの調査はやっても、宗谷はどうもやっておられなかった、特に SFGR、バベシア、ボレリアほかの病原体は疫学的緊急性が言われなかったため注意を引かなかったようですが…

　とにかく北日本の最果ての地の記録は今回でかなり出そろった？ なお、ネズミ捕獲数は計 20 頭ちょうどです。処理や移動の時間的な都合から生産調整（トラップ数は 20〜30 個を 2 か所、1 日最大合計は 50 個）した結果です。でないと、北海道では捕れ過ぎて収拾のつかないことが…

（2008 年 6 月 18 日）

宗谷岬で台地上に盛り上がった周氷河地形／日本最北端の宗谷岬に立つ間宮林蔵記念碑

利尻島鴛泊港から望む利尻山（利尻富士）の天を突く姿／一周道路にみるウミネコ繁殖地
／しばしば現れるキタキツネ（この島の生物相は北海道仕様だが、隣の礼文島はサハリン
など大陸仕様に変わる）

2．パンチュー（下北半島）

　全国的に熱い日が続きます。北陸は、この数日は雨がちで一息でしたが、8 月 1～4
日は南国の中の南国、高知県の四万十地方と香川県の讃岐地方の調査に参ります。目的
の半分は、昔のホッパンと馬宿熱は一体何であったのかという調査で海岸沿いの集落が
対象ですが、ほかの周辺地域では川の中に入って両岸の草藪にトラップをかける「川床
方式」で涼を求めようと思います（これって、横着に見えますが、捕れの悪い夏には最
も効率的な方法です）。

　ところで、今月 20～24 日の間、前半は私らが、後半は F 田殿と感染研の方々が、青
森県下北半島で調査を行いました。そこで使われたのが、あら懐かしい「パンチュー」
でした。これはプラスチック製捕鼠器具で、プラ平板の上に透明プラ板を弓なりにして
固い餌で留める仕掛けとなっています。鼠がこの餌を噛むと弓なり板がはずれて平らに
戻って鼠体を挟みつけるわけです。つまり、プラ板がパン～とはずれて鼠がチュ～と言
うからパンチューという商品名にしたんだと思います。昔々のパチンコ（板ばね式捕鼠
器；発条した太い針金が首から頭を挟んで砕く）とは違い、全身が綺麗に捕れるので、
20 年くらい前は疫学調査でも使われたのですが、生きたままで鼠の血液など生の試料
が求められる近代の疫学調査ではシャーマン式ないしカゴの生捕トラップが主流となり
ました。シャーマン式は、盛んに売り出していた頃は某会社が発明者の名前に頓着しな
かったため、発明者がやがて会社を創設して安く提供を始めたと聞きます。

　話はもどって、今回の調査でパンチューを再登用したのは目的や時間の制約下で捕鼠
を充分に行うためでした。この器具は軽量、小型（小は 5 ×10cm、大でも 7 ×15cm、
青や赤の原色）なので 50～100 個を持っても邪魔になりません。ただ、生捕トラップ
と異なり、捕鼠率を高くするには鼠穴の前辺りにきちんと置き、本当は針金をつけて近
くの草木などに固定せねば、食肉動物に持っていかれることも少なくないものです。今
回、餌としてサツマイモのほか、藤田殿らはナッツ類、特にピスタチオで食いが良かっ
たようです。ただ、弓なりになる側のプラ板は経年変化もあって時には仕掛ける時に割
れるものもあります。でも、餌を直接さらす構造のためかおおむね捕鼠率は高く（生息
密度や仕掛ける場所の選定レベルにもよりますが）、今回は私の班と F 田班とも 50 個
ほど掛けて各々12～13 頭が捕れました。圧殺された鼠体からは外部寄生虫類は捕集で
きますし、回収を朝早くすれば脾臓の摘出は可能でした。　　　（2008 年 7 月 25 日）

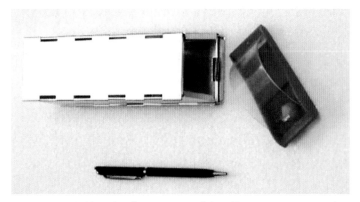

アルミ製生捕用シャーマンと比べたプラスチック製圧殺用のパンチュートラップ

下北半島の奥地にヌッと現れる縫道石山（北米と共通の蘚苔類など寒地植生で覆われる）

火山性の宇曽利湖と外輪山（恐山）の異様な環境に佇む神社境内でのイタコの口寄せ

3．ハタネズミとアカツツガムシ（秋田県）

　今月の 8～12 日に東北地方の総合的な調査（厚生科研班ベクター分科会）が行われた。メンバーは私のほか Ｆ田、Ｔ橋、Ｋ坂、Ｋ端という現在の我国で望まれる高レベルを含み、将来を嘱望される Ｔ野嬢や福井大医学生 4 名（研究室配属）も同道した。まず、仙台市周辺での調査では、極東紅斑熱ベクターの *H. concinna* 関連の知見を深めたほか、仙台市内の梅田川河川敷で広東住血線虫も昨秋に続きドブネズミから検出した。そして続けて遠征したのが秋田県中部の大仙市大曲地区で、アカツツガムシ（現地でアカムシと呼んだ）*L. akamushi* の検索に努めた。昨年、秋田県衛研では Kato 型の患者発生を確認しており、今でもアカツツガムシが健在なのか興味が高まっていたものである。そして見事、患者が感染をみたという雄物川畔のスポットで無数とも言える同種の生息を見出したのである。黒布見取法でも、表土からのツルグレン法でも共に検出でき、アカネズミ *A. speciosus* にも寄生個体をみた。ところで、同河川敷のネズミと言えば、私が 35 年前にアカツツガムシを採りに来た頃は、ずんぐりむっくりのハタネズミ *M. montebelli* が優占種でアカツツガムシの主要な宿主であり、アカネズミなどはちらほらという状況であった。それが、近年に至りハタネズミは容易に見い出せずアカネズミばかりが捕れ、この傾向は一人雄物川でも東北地方でもなく全国的な傾向で、西日本の近似した vole であるスミスネズミ *E. smithii* までも合わせて著減してしまった。このアカネズミの急激な台頭は、東北の日本海側 3 県でのアカツツガムシ減少の要因の一つになったものか、ついでながらネズミバベシア神戸型の奇妙な分布にまでさまざま影響しているものか、これら関連性は容易には分からないが、近年言われる温暖化などに先行した医動物学上のパラメーターとしての意義は大きいように思われる。

　大曲には、江戸時代から地元藩で重く用いられた毛掘医者の流れをくむ寺邑医院（今は花園病院）があって、往時は恐怖の的でもあったツツガムシ病の対策に熱心であった。いい意味でそれが昂じて、同医院の歴代が明治、大正、昭和と研究に勤しみ、その名も「恙虫病研究所」を自宅裏庭に建てて、中央から著名な学者を招き研究の拠点としたのである。ツツガムシ病リケッチアの発見者、緒方規雄先生、また戦後の佐々先生、浅沼先生など大先達が訪れては現地調査に努められた。その当時に多く捕れたハタネズミにはアカツツガムシが山のように付いていたようである。ハタネズミは、アカネズミよりも穴居性が強く動きも鈍いので、アカツツガムシが容易に付いたものなのであろう。しかし、思えば、私の半生の研究生活の中だけでもこんな生態系の明確な変化があるわけで、自然界というものも、実は自然社会とでも呼ぶべき一つの社会のように変化するものではないだろうか…

　さて、秋田県から帰ればすぐに中国出張を控えているが、あちらの野鼠は *Rattus* 系が主体で、大きさがドブやクマより大型の種も多々、それがゴロゴロ捕れて、ずいぶん怖い？　今回の出張期間は短いが、滞在中に何かとんでもない事が起こらぬように祈る。もう 30 回以上は訪れているが、毎回想定外の新しい何かが起こって、困るやら呆れるやら、でも、近年はそれが一つの楽しみにさえなっていることに気がつき、あちらの人間にみえるという周辺の声も気にはなってきている…　　　　　（2009 年 7 月 20 日）

今もアカツツガムシを見る雄物川河川敷（秋田県健康環境研究センターと共同）

雄物川河川敷に沿って置かれた恙虫明神の祠／祠の中にアカムシを模した鉄輪が祀られる

雄物川沿いに建てられた旧恙虫研究所の概観／著者らが内部の実験室や研修室を利用

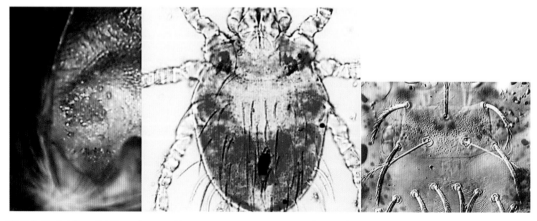

雄物川河川敷の野鼠耳介に吸着するアカツツガムシ／その全体像と背部前方にある背甲板

4．ネズミそば（山形県）

　「何処から来なすった？　えっ、福井から…　う～ん、はい、やりましょう」。月曜が定休日だったが、遠来の我々（私、F 田、T 橋）のためやってくれると言う。まず出てきたのはそばつゆと枝豆、そしてそばの葉の辛し和えであった。このそば屋は、古い農家を利用した囲炉裏のある店内で、ここ南陽市荻（おぎ）で明治 24 年から近在の人のために打ち始め、3 代目の沖田源蔵からようやく本格営業に、と書かれている。やがて、平清水焼の皿にのった十割の細打ちのもりそばが出てきた。実はここで食べたのは17 年前、山形県衛研の M 口君（弘前大学の後輩）に案内されて白鷹町荒砥（あらと）の病川原（やまいがわら）を訪ねたついでであった。その時は 3 代目源蔵さんであり、今のメニューにはない板そば（山形県固有の食べ方で、やや長方形の盆に太目のそばを行儀よく一杯に広げた形）が出された。今の勝男さんが 4 代目となってすぐの頃は味が落ちたと言われたので、修行にも出て急速に味の深みに迫れたという。そば湯を飲めば、お腹から湧きあがる芳香がたまらなかった。お代は、やや多目に置いて再来を約して辞した。

　源蔵も代替わりしていたが、最上川の"病川原"あたりも様変わりしていた。17 年前には荒砥の町外れの病川原を見下ろす河岸段丘にぽっつり立っていたケダニ大明神の祠（ほこら）、今 2010 年現在は、住宅の列に飲み込まれて低いブロック塀で囲まれただけで、すぐの家の飼い犬の放尿が届かんばかりであった。近くに町立病院も建てられているが、故郷をないがしろにする、神も恐れぬバチあたりの人と犬に禍あれ？　さて、荒砥橋は古いまま健在で、落ちるまでは架け替えられることがないのじゃないか、長井線の赤い梯子枠の鉄橋も併行して架かるという懐かしい風景、マニアの被写体になるらしい。長与らが、恙虫病原体の検索途上の 1920 年に *L. intermedium* と命名記載しながら和名は思わずアラトツツガムシとしてしまったのは荒砥の魅力か、しかし、学名に形態上の特徴（類似種の中で中間的な形質をもつ）を表したものの、和名へ翻訳するのはややこしい日本語になりそうなので産地名で呼ぶことにしたものと推測できる、が、もちろん荒砥に限定して産する種などではなく、たぶんツツガムシの中では最も広い分布を示す種の一つで、北海道から九州までみる。

　荒砥へ向かう前には、山形衛研の K 子さんと埼玉の M 角さんも合流していたので、山形市北部の谷地および溝延までも足を伸ばした。そこに立つ祠は 17 年前と比べ傷みながらも健在であった。この祠は、上流の荒砥の病川原から下ったアカツツガムシがここでも暴れ出したため、荒砥の大明神から分けて建てたものらしいが、我々もその因縁をかぶるがごとく、突然のしぶき雨に襲われる始末であった。

さて、荒砥を後にして米沢市から吾妻連峰の大トンネルをくぐれば福島県の喜多方市であった。同市の南を流れる大川（阿賀野川の福島県側の名称）に架かる会青橋（かいせいばし）、我々は 17 年前に、当時でも 35 年ぶりとなるアカツツガムシを再確認した場所であった。しかし、橋は 2 年ほど前に架け替えられたらしく、渡る人馬も少ないのに馬鹿々々しいほど巾広の橋となっていた。ただ、すぐ下流に以前の橋桁の痕跡はあった。この橋のたもとで、当時東大伝研の佐々らと新潟大の伊藤らが同じ日付でアカツツガムシを見つけ、東京医事新誌の同じ巻号の中の異なったページに、発見の経緯が個別に掲載されている。両グループの採集記録が同じ年月日になっているので、同じ会青橋の下、互いに隣合う区画でパチンコ（当時の圧殺式捕鼠器）を掛ける手すさびを見合いながらのことであったのだろうか、はて、奇妙な掲載の扱いであり、業績を一つにはできなかった事情も分からぬではないが…

　今回の調査行は、私が日本ダニ学会（仙台市、大竹会長）にて「東北地方における恙虫病の変遷と今後の課題」、副題は「ツツガムシというダニそして恙虫病、それは東北地方に始まった古くて新しい話」という特別講演をさせていただく機会を捉えて、今回参加した同好の士と共に、隣の山形県そして福島県のアカツツガムシ生息地を再訪し、地域の今の研究者にもお会いしようと思ったのであった。

　ところで、この旅の中で聞いたことであるが… ネズミが病気の素を振りまくことはよく知られる一方、そば打ち職人の中にも口や素行で社会に害毒を振りまく者がいて、そういったネズミのような職人が作るそばを軽蔑して「ネズミそば」と言うそうな、色んな物事を貶める表現をする時にしばしばネズミが使われるが、ネズミもいい面の皮ではある。　　　　　　　　　　　　　　　　　　　　　　　　（2010 年 9 月 16 日）

［一口冗談］
　古くから東北に「雨病み（あめやみ）」という感染症があって、河川系に出入りする輩が多く感染したが、「アメツツガムシ性恙虫病」との鑑別診断が重要かつ難儀であった。両者ともテトラサイクリン系抗生剤は効かないし、反復感染まで容易というのに起因菌は現代でも不明、様々な型（Fujita 型、Yano 型など）があって、近年は南西諸島までも拡散しているらしく、各地で再興感染症として注意喚起を言われる。なお、雨病みを雨止みと読み違えて出張に出てしまうと思わず感染し、医療過疎地では重症化、不幸な転帰もあり得て、時にニュースになることまであり、為念。

最上川河川敷に見るケダニ明神の祠（山形県白鷹町／同山形市溝延）

山形県立博物館の正面玄関横に置かれたアカツツガムシの伝承模型

飯豊山塊を望む喜多方市のアカツツガムシ生息地である大川（＝阿賀野川）の会青橋

5．仙台物語（極東紅斑熱）

　この年明けまもない連休は、Ｆ田殿と仙台調査でした。私は子供など手が離れて、人生の喜楽も関係なくなった老人？だから、粉雪舞う寒風の中にせめてネズミの温もりを求めた？　でも、この寒波襲来は予定通りと申されたＦ田殿とて、天気晴朗となってしまった仙台を見ては、私を"雨男"と呼ぶ先入観は捨てざるを得なかったでしょう。

　さて、調査初日に福島駅前でレンタカーを借り、大原医療センターで、組み立て済みの網カゴを積み、東北道を仙台南で下り、仙台南部〜東部道路、やがて七北田川と梅田川です。出発から正味 80km、１時間で済みました。獲物の処理も悠々大原病院へ戻ってやれました。私の勝手な行動計画でしたが、今後も簡便で確実な方法に思えました。

　ところで、福島市と仙台市の二都を分かつ福島県国見から宮城県白石の間は数キロも伸びる長い国見峠で、その東側では一箇所だけ阿武隈川が切り通してはいますが、自然要因も人間も交流するには随分大きなハードルになります。つまり、福島の都は東北から南を図る要衝の地なのに対し、仙台の都は東北地方本体に入る基点です。だから、上杉景勝と直江兼続は、仙台藩には遠慮しつつ、越後〜会津〜福島〜米沢のラインを活躍の場として、むしろ西日本にみるごちゃごちゃの覇権争いに加わるのは嫌だった？

　昨年末にドブネズミから広東住血線虫を見出していた梅田川の福田橋あたりで、再びドブネズミが捕れましたが、下流の七北田川との合流点では全く捕れませんでした。しかし、その七北田川の下流の河口近い河川敷ではアカネズミが４頭捕れました。これらから現時点での解釈として、七北田川下流の開放的な環境には全国展開のアカが入り込んでいるにもかかわらず、合流点から上流の街に囲まれた梅田川沿いには、あのアカですら入り込んでなく（居ても稀）、家鼠ドブネズミだけが多い傾向に？

　提案ですが、２月６日（金）の班会議に東京へ集まる機会に、どなたか仙台調査にも参加されませんか？　次期科研の課題の一つとして新型紅斑熱云々を進める機会にしたく、でも、南西日本からの方々は東京以北への追加旅費の工面もあり、ご都合つく有志の方々にてご検討下さい。私は広東住血線虫の追跡も目的ですが、リケッチア＆ベクターの分野でも更に範囲を広げて調べが必要と思っています。　　　（2009 年 1 月 12 日）

　新興か再興なのかいささか分からぬ豚インフル、それは侵入してしまっていた新型インフルエンザへの政府の遅過ぎる対応と同じです。今後は流行った感染症だけでなく、潜在して浸淫する感染症へも対応すべき課題が多いと思います。同じ新興再興感染症の分野に関わる各位におかれては似た認識にあると存じます。ただ国民の一部は、ほとんどの患者が回復してしまっていることを示す動態統計を言わないマスコミ報道に惑わさ

れて、阪神地区の空気を吸うだけでインフルに罹るような錯覚を持って差別言動に走っているようです。この点については、発熱外来の行き詰まり防止のためいち早く仙台方式を打ち出すことで、人権尊重を基本コンセプトにした感染症法が旧伝染病予防法に回帰せぬようにと指摘した仙台検疫所のＩ崎恵美子先生の行動が注目されます。人権問題と言えば、水漏れ対策にならぬよう患者管理を徹底していただける国が、気がつけば、社会主義の功罪かどうか市民意識が充分には高くない中国と日本だけになってしまっていたことも、お寒い感が拭いきれません。さて、Ｉ崎先生と言えば、日本熱帯医学会シンポジウムでエボラ対応の体験を話しておられた姿しか記憶はなかったのですが、昨秋は紅斑熱へ対応いただく仙台副市長としての立場からお会いいただけて妙に嬉しかったものでした。それも、相手が「新型紅斑熱」（後日に極東紅斑熱と呼ばれる）ですから、ずばり仙台発祥の伊達役者がそろい踏みした会合でした。

　そういう舞台ですから、我々も、大山ひっくり返って仙台鳴動ネズミ一匹では引っ込みがつきませんので、仙台ネズミがササニシキ米を食ってチュウじゃなく、川原のネズミがダニに食われて誅殺となってないものか、去年の晩秋から冬を通じて今春も、東北担当のＦ田殿を手伝って調査に勤しんでおります。地形図を眺めて考えたのは、梅田川ばかりが場ではないだろうということで、その本流の七北田川そして隣の名取川（支流で市内を貫流する広瀬川も）を調べたところ *H. concinna* が広く見出され、それぞれの川原のネズミはヘイロンの抗体も陽性のようでしたが、なにより注目は、七北田川のアカネズミに *concinna* 若虫の寄生が証明できた点で、これはネズミも介した発育・感染環が定着していることを意味します。河川環境を巡るにつけ、都市部でも田舎でも住家の混んだ地区の堤防では飼い犬の散歩に加え、野良の犬猫の住み着きが目に付き、*concinna* の生息がそういった地区に多いのも示唆に富む事実のようで、ひょっとしてこの感染環は犬猫と野ネズミの共棲が重要な要因かのように見え…すなわち、通常のマダニの場合と異なり自然度の高さだけで考えるのは不十分かと…最近の調査では青森県八戸市民病院の前を流れる新井田川、また岩手県境に近い宮城県側の北上川の各堤防でも *concinna* を見出しましたので、従来の記録も合わせた場合、この種の感染環は東北地方のかなり広い範囲（今のところちょうど北緯 38 度）に分布することは間違いないと思われます。それで私は、およそでも南限の線引きをしたく、北緯 37 度半以南の新潟平野、関東平野北半分、佐久〜長野〜安曇野〜伊那〜高山〜諏訪〜甲斐の各盆地、上越〜富山〜福井の各平野の河川環境を探査しましたが、*concinna* は得られませんでした。梅雨時なればハタ採集での限界もあると思いますが、それでも北緯 36〜37 度のベルトが境であるような気がしています。今後は、山形から北の日本海側の河川、加えて北海道東部など分布の本場も再確認せねばなりません。　　　　　（2009 年 5 月 31 日）

仙台市の梅田川（紅斑熱発生地）／その媒介種イスカチマダニは河川敷の路傍など下草も少ない裸地あるいは並木の基部にまで見る

イスカチマダニ雄（触肢末節が鳥のイスカに似て非対称なのが特徴：伊東拓也博士撮影）／仙台の宮城教育大学でＯ竹研究室をお借りした

我々と調査を共同し、積極的に支援もいただいた仙台市保健所の方々（梅田川の堤防）

6．翼を下さい（乗鞍岳のコウモリ）

ジネズミが申しました「私に翼を下さい」。天空の神ウラノスは言いよどみながら「そちは我妻、地の神ガイアの手の者であり、地中の虫を食して大地を浄める大切な食虫目であろうが…」「私は虫どもばかり退治する文字通り地味な役目を 45 年も果たして来ました。定年後はどうしても天空を自由に飛翔してみたいのです」「ふむ、では、多少の犠牲は払っても天空さえ飛べたらよいのか？」「はい、翼だけ下さい」「では、今夜からでも飛ぶことができるであろう。動物命名規約も無視して属種を超えた変更で翼手目カイロプテラという新称にて登場し、全世界に分布を広げるがよい」。

ジネズミは、こうして天空の虫を食べてウラノスに仕えるという相変わらず地味な役目に、また活動は夜のダークサイドに限られ、見えないことをいいことに益々醜い顔に変えられ、あげくに濾過性病原体のロンダリングにも狩り出され… まあ、虫を食べる仕事は今でこそ社会貢献として認められましょうが、しかし、ある時は天主教の教会の屋根を飾るデザインとしてパクられ、ある時はドラキュラ伯爵やダースベーダと似たもの同士とされ、俗称は、昔は加波保利(カハホリ)、転訛してコウモリ、当て字は蝙蝠（平たい虫をいう蝙＋へばり付く動物をいう蝠）すなわち「飛ぶ姿が平たく見え、物にへばりつく生態をもつ」となり、また天空を飛べることから天鼠（てんそ）ないし飛鼠（ひそ）と言われ、所詮、ネズミの範疇、飛ぶジネズミの域は脱し切れてないようです。

つい数日前、乗鞍高原の宿泊施設から調査依頼が来ました。世界的に此処だけにコロニーがある絶滅危惧種クビワコウモリがロッジ天井裏に集まり、そこからダニのようなものが溢れて刺されたお客もあるので何とかして、ということでした。これがコウモリマルヒメダニならば、30 余年も前に、青森県の天間林村の神社屋根裏のヒナコウモリ巣に大発生して刺症例が続発、その対策を依頼されたことがありました。同時期に私が受託した東電の東通原発の環境アセス（研究費は破格で良かったが今では反省）にも抵触するため、三戸高校の M 山さんの協力で神社のコロニーを近傍のコウモリ小屋へ移す仕事へ発展しました。F 田殿も一緒に同ヒメダニを調べてましたが、近年は、同小屋で虫類駆除が行われてヒメダニは全く消えてました。一方、最近はヒメダニの属名を変えるなど諸説紛々、K 端殿や若き T 野女史がヒメダニ類の共生微生物に関わる立場から、生きた個体を調べたいようですが、もう容易に採れる状況でありませんでした。それが今回、乗鞍高原に沢山居るとのことで、私が地元のコウモリ保護団体と調整して採集に向かうことになりました。ところが、出発を控えて F 田殿のご尊父が急逝されて彼の同伴はかなわず、K 端、T 橋および N 本（コウモリ専門家）殿と現地で合流できました（たまたま発生した大雨警報の中）。そしてくだんの宿泊施設にて同ヒメダニの

生個体を得ることができました。冬眠へ向かう前で、コウモリ数は急減してましたが、各種微生物の分離や解析はできそうな虫数でした。なお、このクビワコウモリの帰趨と申せば、武田信玄が銀山として開いた乗鞍高原の時代から人家に住みつき、数年前までは近隣の文科省宿泊施設にも多く居たのが、施設が民主党の仕分けで完全に壊された時にコウモリの大半は今回の施設に移乗したとのこと。この情報は、コウモリ小屋を設けている自然保護センターの管理人（文科省施設の管理人でもあった）のお話です。ついでながら、その文科省施設には、私も 35 年前に家族連れで泊まりましたが、その頃もコウモリは居たんでしょう。人間にとっては輪廻のように感じられますが、大自然ではほんの短い変遷に過ぎないのでしょう。それだけに、保護に協力的な問題施設（オーナーはハワイ出身で日本語が大変上手）に報いるためにも、コウモリとセットの生態系としてほどほどのヒメダニ数を維持できるようにして、逆転の発想で、珍種コウモリの宿として売り出し、覗き見程度の観察はできるよう改築するとか…　but、難しい問題でしょうか…

（2011 年 8 月 27 日）

乗鞍岳に生息するクビワコウモリ／ロッジ天井裏で増殖したコウモリマルヒメダニ

7．熊野古道（熊楠の里）

　明日は北陸病害動物研究会の開催を控えちょっと忙しいのですが、SADI を終えた後で H 田殿から紀伊半島のネズミの話が聞けず寂しい思いで帰った、とメールありましたので、およそお知らせします。

　去る 29 日は、田辺市に集まった福井大、愛知医大、千葉科大、金沢医大などの関係者が、二手に分かれてのトラップとなりました。一つは、田辺のツツガムシ病が多発する高尾山方面、もう 1 つは紀南の紅斑熱が多発する古座川町でした。高尾山へ向かった私と K 坂殿と F 井殿および学生は、まず山の北面の沢沿いで 50 個、また南面のミカンと梅の混交林沿いに 100 個ほどをかけました。後者でかけていると、近所のお爺んが見物にきたので、重々しくも和歌山県知事の捕獲許可証を取り出して見せました。しかし、流し目で見ただけでさほど効果なくしつこく聞き込むので、それからは私が個人対応で話にのり、皆の仕掛けが終わるまで続きました。おかげで、仕掛け場所は見られずにすみ、もしかしたら起こったかもしれない翌朝のトラップ紛失事件を未然に防いだことでした。翌朝の結果は、2 地点合わせて 9 頭でした。学生の掛け方を見ると、単純に数個並べるなどでしたが捕れてました。これは、生息の可能性高い地点さえ選べば、必ずしも巣穴に直面させずとも、辺りを活動する個体は入ってくれることを意味し、それが生捕トラップの長所の証明でしょう。

　一方、古座川町へ向かった Y 野と O 川殿は、曲がりくねった海岸を縫うような道を走って、前もって連絡しておいた明神診療所を訪ねたとのことです。特に現場を案内いただかずともよいと言うにかかわらず、案内こそがやりたい事のそのものであるらしい古座川診療所の M 田夫妻の同道で、ここが、そこが捕れそうだと指摘いただき、それは無視もできず、可能そうな箇所を探しては無理に掛けるという作業、そのうちヤギの飯時間だというので Y 野殿も O 川殿も不慣れな草刈を手伝ってヤギに食わし、また現場にもどって仕掛けたという…　結果、90 個ほどで 6 頭をゲット、何とか捕獲率で高尾山の学生を上回ることはできたようです。まあ、悠々自適の南紀の賢者「熊楠」とは異なり、普通人のやること、苦労が多いもので、野鼠の捕獲とは言え、人、住民への対応が肝要か…

　さて、次の調査では、11 日からの稚内、利尻島というサハリン区のネズミに会ってきますが、花の島として極めて美しく、かつ特異な生態をも示す北のはずれの島です。同道したいという方はおられないでしょうか、交通費も出る出張依頼をかけさせていただきますが？

（2008 年 6 月 7 日）

田辺市郊外の熊野古道（中辺路）のお遍路の休憩所（SADI 疫学ツアーの途上）

田辺市内の南方熊楠記念館（熊楠の書斎）／同記念館で開催の SADI 集合写真

補足（北海道、東北、上信越〜関東、北陸、近畿、中国、四国、九州）

　ここでは、本書の話題として挙げられることはなかったものの、本土域内で踏査の実態はあった地区について、簡単でも調査風景を紹介する。

北海道

　2010 年秋に、帯広畜産大学での衛生動物学会大会の後、野付半島で新しい大型カゴトラップを試したが捕獲率は 10〜20％、対してシャーマントラップでは 50％を超えた（Ｉ東殿はこれは北海道で標準だとうそぶくが、嘘ではない）。北海道で優勢なタイリクヤチネズミは穴居性が強く、餌を入れぬシャーマンでも暗い内部へ入りたがる。だから、透け透けのカゴトラップは北海道では不利であるが、南西諸島や大陸で大型ネズミを捕獲するにはよい（ハツカやジャコウも入るのでお楽しみも）。寸法は大きいが、細い網線でできて 300 g と軽く押せば凹んでしまうが、現場でも手で修理が簡単。空落ちは少ないが、扉の閉まりは弱いので捕れたら扉を結束帯で結わえるとよい。1 個 6 千円余と高いが、ラット系には必須である。この野付から釧路周辺では、極東紅斑熱に関わるイスカチマダニも広くみたが、病原リケッチア種は分離出来ていない。

　道北のサロベツやサルフツの原野では多くがシュルツェマダニ（Ip と略）、ほかヤマトマダニ（Io と略）で、紅斑熱群リケッチアのヘルベチカ種も高率にみるほか、回帰熱系ボレリアの問題もある。各地で Ip は濃厚、北海道衛研と共同で調べたが、ダニ脳炎の発生が知られる函館地方、また千歳郊外の馬追丘陵から橋本聖子議員の実家牧場を含む日高地方で雲霞の如く発生する。焼尻島では僅かにキチマダニを得た（手前の苦前では暗い国道でヒグマとすれ違った）。旧夕張炭山のヤマトチマダニからは SFTS ウイルスを検出したが、深くは探索できてない。

北海道野付半島の周辺／十勝連峰の富良野盆地／関係機関から遠い場合は現場で試料処理

東北

　下北半島では Ip のほかカモシカ本体とカモシカマダニが密に共棲、岩木山から白神山地はブナ林帯にハタ・ヤチネズミが多くて Ip ほか寒地性のマダニやツツガムシなど、八甲田山系では中腹の笹原が方々で枯れてハタネズミの糞が重積した様を見ることもあ

った。原野傾向の三八上北地方では、届け出上では恙虫病消滅が噂された時代にも私は症例をしばしば見て、届け出と実際のギャップをいち早く指摘していたが…　三戸ではトウヨウコウモリの観察小屋で、刺症性あるコウモリマルヒメダニが繁殖していたが、殺虫剤使用で跡かた無く、残されるもの、消されるもの、微妙な理解が必要である。

　十和田湖から秋田県北部にかけてはアサヌマ、ヨサノアコマタカルスなどやや珍奇なツツガムシが見られた。秋田県の和賀山塊、岩手県の早池峰山や五葉山でも Ip は普通種だった。福島県南半から栃木・茨城両県の北半まではタテツツガムシが河川流域ごとに在り、無し、異なる分布を見た。

垂直分布の観察に適した岩木山／世界遺産の白神山地（日本海側）／三戸のコウモリ小屋

上信越〜関東

　この圏域ではヤチネズミ系を多く捕ったが、トウホクヤチ、ニイガタヤチ、ワカヤマヤチそしてカゲネズミなど種の細分は私には理解できず、その後に細分は解消されて邦産はヤチとスミスの 2 種にまとまると聞いてやはりと腑に落ちた。長野県でササダニと呼ばれる Ip は中部地方の高く深い山間地区で濃密に見られ、東北の低く浅い山間ではむしろ密度は低く、結果としてライム病や回帰熱系ボレリア症は東北ではいささか僅少である。関東では榛名山系などタテツツガムシの媒介例を多く見たほか、富士山中腹のオオシラビソ林で得た Ip からは渡り鳥介在の中国系ボレリア株を検出した。

欧州系紅斑熱が疑われる白馬地区／中部山岳一帯は Ip と媒介疾患も多様／飯田市の天竜川河川敷（近年激減のフトゲツツガムシが多産）

北陸

　上信越の山岳地帯に接した山間では Ip 由来ライム病のほか、日本紅斑熱に加え欧州共通のヘルベチカ紅斑熱も見た。能登半島から若狭湾岸までタテツツガムシ症例のほか、

近年は紅斑熱やSFTSも所々に確認される。大型野獣の広がりに呼応して大型のカクマダニやキララマダニなどの棲息が広く濃くなって媒介感染症発生の温床となり、特に石川県の市域でその傾向が注目される。

北陸でも医動物感染症が続発／福井県では奥越（荒島岳）や若狭（原発）で紅斑熱やSFTS

近畿

　およそで申せば、近畿の中央部は動物由来感染症は少ない都市ベルトをなすが、北半の丹後から但馬地方では紅斑熱やSFTSまた恙虫病を見る。対して、南半の紀伊半島では和歌山県の中部は梅やミカンなど果樹地帯に恙虫病、そして南紀の動物相に富んだ山林地帯では紅斑熱などが多発する。その中で、特異的なのが大都市を裏打ちして東西に走る六甲山系で、紅斑熱が少なくなく発生をみるし、キララマダニの刺症例もあまた出ている。ところで、南紀の東側に回った三重県志摩半島はわが国最大の紅斑熱発生地であるしSFTSも注目されるため、筆者と関係者は頻回に訪れて疫学調査に勤しんでおり、言葉を選ばなければ懐かしの土地である。

阪神地区の背景に迫る六甲山系／伊勢市から医動物関連感染症が多発する志摩半島を望む／志摩半島の西の縁は紀伊山地から隔離され神宮の森を中心に濃密な感染環が煮詰まる

中国

　この地方は山陽側（瀬戸内）でも紅斑熱そしてSFTSを見るし、内陸に向けてはタテツツガムシ起因性に加えてシモコシ型の恙虫病まで見る。北半の山陰側では、筆者らは

中国地方に含めて言う豊岡市でやはり紅斑熱や SFTS を見るし、その西では島根半島に限られていた紅斑熱が、近年は SFTS と共に全県的に確認が続いている。

豊岡市はコウノトリが空を舞う／田畑は遍くシカ柵で囲まれる／出石町の SFTS 発生環境

四国

　四角四面の各県の沿岸には種々の型の恙虫病が古く地元の通称で知られたが、中央山地は深く険しいことも相まって豊かな生態系が広がり（高所に Ip も棲息）、日本紅斑熱の初期確認そして 4 県全体で続発も見られるほか、近年は SFTS も多く見る。したがって、悪い意味でなく、わが国における動物由来ないしダニ媒介感染症の「ふるさと」的な言い方ができる地域かも知れない。

瀬戸内側から険しい石鎚山を望む／四国の環境要因を分ける京柱峠／同様に祖谷の大歩危

九州

　火山噴火で地勢上の修飾が多様な火の国であり、九重山系の高所に Ip は残存するものの、8000 年前に新たに噴出した霧島山系には Ip の分布は入っておらず Io しか見ない。ただ、火山性シラス台地が広がる鹿児島から宮崎県にはタテツツガムシ性恙虫病が多発し、その平野部や熊本県天草などでは各所でチマダニ類が紅斑熱や SFTS を起因する。他方、近年は北半の各県でも発生確認が増えている。

隠れキリシタンの世界遺産である天草など島の限局された環境では感染環が煮詰まる傾向

Ⅲ　島々巡礼

1．試行錯誤（淡路島）

　淡路島の恙虫病は、北部の明石大橋のたもとから谷山ダム周辺の集落にかけて多発するが、以前からそうであったように秋は乾燥して、いかなる植生や地勢で試みてもネズミはまったく捕れず、捕れ難い傾向は変わらなかった。ただ、以前に捕れたアカでは無数のフトゲをみていたし抗体もカワサキ型でなかった上、今回の黒布でもタテをみなかったので、やはりフトゲで確定か。なお、K 玉先生（愛媛の感染症内科ご出身）によれば本病患者は洲本市周辺にも若干みるが、南部にかけては出てない由。

　紅斑熱発生は、相当前に同島初確認の例は諭鶴羽山麓であったが、K 玉先生や県立淡路病院によれば多いのは洲本城周辺から由良にかけての地域であるとのこと（人口の多さとの関連が強いもので、病原マダニの分布とは別か）。その方面では、山野に立ち入るだけで無数のマダニが立ち登ってくることが言われ、実際に小路谷（オロダニと呼ぶ）に入ってみると、K 坂殿がトラップを 10 個かけるくらいの時間内で大袈裟に申せば服が黒（グロ）くみえるほど幼若虫がたかり、すぐに粘着テープを当てて採る、採る、採る…　その努力の甲斐あって？翌朝は貴重なネズミ 1 頭だけをゲット、しかしそのネズミにはマダニ幼若虫の吸着もあって我々にとっては好意的な個体であった。このように、南部では以前から捕獲率は一般に低く、淡路島全体でもトラップは冬から春先がよいと分ってはいる。しかし、地元の関係医師が我々の手では疫学的な情報が得られないのではと誤解されて白い目？で見られるとか、我々のプロ意識自体も傷つくような…　収穫がないと大変なのである。

（2008 年 11 月 9 日）

淡路島の南部に見るシカ防止用の高い網の柵（島の北部ではイノシシ避けの低目の電柵が大半）、この年代から全国的にシカ避け柵が急増して田畑の出入りが面倒になった

２．ナンジャモンジャ（対馬）

　アカやヒメネズミの生息が希薄な場所（しばしば島環境）では、仕方なく多数のトラップで臨みもしますが、野鼠が確実に生息する大きな島でも地質が問題で、土壌が剥がれた岩むきむきの環境が多いと穴居性のアカは繁殖し難い一方、樹上棲の強いヒメばかり優占します。ヒメは捕れても病原体関連の意義が薄いのです。しかし、小さな島であっても里山〜耕作地〜集落裏〜河川敷などの地質なら腐葉土でフカフカ、湿り気のある所ならよく捕れます。笹や雑草またカヤンボで奥が暗くなっておれば最高です。捕鼠という場合は、そういった場所を見つけるのに時間を費やすべきで、仕掛ける時間もすぐです。とにかく、捕れて何ぼの世界ですから、場所選びで妥協はできません。そういったことは、これまでの薩南諸島の処々方々や九州西方の島や隠岐で経験してきたことで、今回の対馬でも同様です。

　今後もこんな環境で捕る必要が続くでしょうから、山裾〜里にかけて回るのがよく、高々度帯は *Ixodes* などマダニ種の多様性を保証するだけにした方が能率的でしょう。疫学的にも住民の生活圏が近い里山が意義深いでしょう。

　加えて、ほどほどのお湿りや曇天の方がネズミの朝夕の活動時間が長くなることで捕れ易く、朝なども意気込んで早過ぎる回収に出てしまいますと、朝捕れの分が減ってしまいます（昔よくやったですが、夜半に一度回収して置けば死亡個体を減らせるんですが、皆とやる場合にはなかなか…　季節性を言えば、アカなどネズミ側にも夏休みがあって捕れない、一方、春４〜５月には病原体や抗体保有が高い越冬個体が得られるでしょう（春〜初夏に多い生まれて間もない幼若個体は、捕れてもリリースしていいくらいで、これら個体まで集計に入れるのはデータ攪乱、錯乱？しますので避けたい）。晩秋の成獣も病原体の保有ないし保有していた証拠が高まり、幼若期のマダニの吸着も多く見られるのでたいそう嬉しいです。つまり、何を狙うかで、いつ、何処でトラップするのがよいか、せねばならないかを決めたいものです。敢えて申しますが、春や夏にダニ媒介性感染症の患者が出たとして、時を移さず、その秋には予算を組んで調査に出ましたというのは、遅過ぎです。患者発生を聞いた時点で、その週末には出るいうのが本当の時を移さぬ行為であり、予算は抜き、自腹でも行かねば本当の成果は得られず、報告や論文で悔いが残り、ひょっとして発表には至らない憂き目もある…

（2008 年 5 月 12 日）

数日間の対島調査で、南北に配置する島々の中央部あたりで民宿に泊まる

対馬北部の港に雪化粧みたいなナンジャモンジャの群落を見る（保護のため立ち入らず）

島内処々に立つツシマヤマネコ保護喚起の標識（著者らのトラップにネコは入らないが、半分自然保護の立場にもある身なので注意して行動、保護施設も訪問して協議）

3．九州西南海（上五島と甑島）

　トカラへ向かった２隊とは別に、この年末は、私単独で、学振科研の踏査対象として上五島の再調査さらにはコシキ島の予備調査へと転進しておりました。トラップ数は、移動し易さと現地午前の試料処理を考え、また数を打ちゃ当たるものでもないと考え直し 45 個（半数ずつアルミとカゴ）を持ちました。なお、三島村黒島は別の機会としました。

　上五島は、前回の捕れ嵩では不足、また採れ難いかのような印象が適切か否か再検したいという思い一心で再調査（１泊）したものです。

　上五島の北半部の４地点での捕獲頭数は 1／20、1／5、1／10、0／10 でした。調査環境は良い所が随所にあり、必ずしもネズミが少ない、捕れ難いと言うには早計と思われました。脾臓はパンパン、マダニ幼若虫の吸着はないがツツガは若干付いてますので、本体持ち帰りしたので吊り下げます。この試料の一部は、Ｙ本大隊長殿へ後日に送りますので、下五島との比較で厚生科研データにも含めてください。

　コシキ島（洋上アルプスの印象もある下コシキ島に限定）も１泊でしたが、上五島と比べ土壌良くネズミ穴も少なからず対岸の本土並と思われ、交通や宿や生活スタイルも検分できて来春の本調査は容易と思います。トラップ掛けの最中に、林道を疾駆するイタチも目撃しました。

　下コシキ島の南半部（山麓 50～尾根 350m）の３地点で、1／15、1／15、1／15 でした。脾臓はパンパンパン、ただマダニの目視はなくツツガもごくわずかで、本体を持ち帰りしましたので吊り下げます。なお、戦後しばらくまでは、山奥深くに狼みたいなコシキ山犬がいたそうな…　この群島は古くは本土とつながっていた古地理らしく、動物相の隔離は弱いようです。

　今回の九州西南の各島嶼でのトラップを通して思うこと、「ネズミは、捕ろうとは言うべきにあらず、捕れるだけで、と思うべし」…　なお、コシキ島は、朝夕トラップの時間帯に、なぜか天気予報からは想定外にいささかの小雨が降り、さらに本州とは違い九州は今が晩秋の趣たけなわのため、フランネルによるマダニ採取は猛烈な種付け状態になりまして、一匹くらい付いていても見えず、採れず、結論としては来春の楽しみをたんと残せるはめになりました。　　　　　　　　　　　　　　　（2007 年 12 月 19 日）

上五島のフィールド模様／地元信者が多く集まる教会（クリスマス音楽会に招かれた）

甑島の連絡船／下甑島のフィールドを俯瞰（道路は少なく狭小）

4．懺悔（五島列島）

　ここでは、島の調査について反省の意味で、島嶼環境でのトラップ手技を語ります。

　島嶼では表土がはぎとられた状況の岩盤が露出し、野鼠たちの営巣が難しい傾向にあります。淡路島の場合も、そうであったはずで、捕獲率は必ずしも技量や機会だけの話ではありません。たとえば、一見河川敷にみえる萱の原でも、ブルで引掻いて石を敷き詰めた石畳に草が生えただけの場所ですと、雨の降り出しに急かされて急ぎ掛けたりすれば、翌朝の回収で憂き目をみます。良く捕れた場所はどんな所か反芻してみますと、草原なら自然な萱ン坊の周囲が下草で覆われた地点などが良かったはずです。上五島の島で、Ｙ本大隊長殿だけが身を挺して２頭を捕った大河原地区の地点も萱ン坊でした。萱ン坊以外にも、島民の方々が精魂つめて耕した土壌、すなわち奥山ではない里山の方が野鼠も営巣し易いので捕鼠率が高い傾向です。さらに、水の流れもあれば好ましいです（川から離れても伏流水のお湿りなら良い）。最近、この業界で「雨が降ればよい」と言われますように、曇天や小雨なら餌が乾燥せず、またそういう日は朝夕が暗くて野鼠の活動時間帯が長まる良い条件となります。でも、あまり早い午後から掛けると、大きな餌も喰い尽して死亡が増えます。トラップから飛び出すほど動く元気なものは朝捕れ個体です。なお、私が雨がいいと申せば、大雨がいいのかなの話になりますが、それは曲解に満ちた問題でしょう。

　上五島の調査は、厚生科研の締め括り時期も絡んだため Ｋ 本班長殿も参加され、地元の主治医と対応できたんですが、調査現地では、アカネズミを眺めて「この動物は何ですか？」とお尋ね…　しかし、ご自分の掛けた地点で５割の捕獲率で一挙にセミプロへ２階級特進、でも次に捕れないと降格もあり得ますから一喜一憂しないのがトラップの心得です。さて、私は五島ウドンを賞味して早退した後、大量 21 頭のネズミ試料を分与いただきながら誰かの手元に忘れたのは失態でした。　　　（2008 年 11 月 17 日）

　昨秋に九州方面軍司令のＹ本殿を支援して私、Ｔ原、Ｈ田が福江島から中通島へ回った採集調査で、チマダニ属にアナプラズマ陽性の結果を得ていた。今回は、この結果を知った大橋グループから共同踏査を要望された。

　朝に宿から出た途端に、経験の浅い学生らに申し渡した「明日は降るから今日は早めにマダニを精一杯採っておこう、予報で昼から雨と言っても早まることは多いものなのだよ」。やがて現場にて…　ほら雨霞が島の端にかかって来たのが見えないか、あの遠雷が聞こえないか、風に湿気が増して来たぞ、木々がざわついて来たぞ、あと 30 分程度で滝壺になるから早く切り上げよう…　しかし、学生を含む今回のグループは動きが

鈍い、ゴム長や合羽をつけずに歩いている、やがて来る混乱が目に浮かぶ、間もなくドッと滝壺と化し、栗のイガが一緒に降って来るほどで、8人ほども車1台のハッチバックの狭い屋根の下に集まっている…　すると、トラップが4個足りないと言って雨の中へ再び散った若者二人、しかし2個だけ見つからないとか、2個で1万円ほど…　とにかく、なんだかだの回収が終わって中通島北部の奈摩湾の高台に建つ青砂ケ浦教会で雨宿りとなった。この際、私は今回も含めて積年の雨禍を悔い改めようと懺悔室に入ろうとしたが、今着いたバスから観光客が押しかけて来た、どうにもならぬ、教会を抜け出る扉のステンドグラスだけが眩しく、不肖隠れフィールダーは心情的に隠れキリシタンとなっていた。

　ところで、今回使った小型カゴトラップ（第二世代）は、K坂殿がラット用大型カゴトラップ（第一世代）の続きでカワセ製作所に作らせたものだが、本格的な試用は私が白神山地で行い、5個中3個でアカネズミが捕れた。一方、上記第一世代の大型カゴトラップの改良版もお願いしたら、中国大陸や北海道で試用するため私の手元に50個が届いている。この大型カゴトラップは、小型カゴの半自動組み上がりの仕組みをそのまま大型にも応用できぬか私が提案したものだったが、重さは1個あたりで300gほどと軽め、今後の大型カゴはこのタイプになると期待される。　　　　（2009年9月3日）

上五島では縦横に踏み分けるイノシシ道あり／あちこちに著者らの懺悔を促す教会が建つ

五島の教会に残る踏絵の遺物…　今の我々も踏むことを求められるのではないだろうか？

5．啓蟄に出て来るもの（屋久島）

　この３月４日、私と F 田殿が搭乗したボンバルディアが、垂れ込めた雲の下に出て、無事に脚も出たので屋久島空港に降りた。パラ雨だったのが急に強まる中、レンタカーで鹿児島県保健環境センターの H 田殿が待つ屋久島保健所（島の東岸の安房地区）へ向かった。手土産を２つ持参したからじゃないけれど、保健所の１室で明日と明後日のネズミを処理できることになった。

　これまで調査の少なかった永田地区（島の西岸）へ宮之浦地区を回って急いだ。島中央部の最高峰宮之浦岳の北側に位置する永田岳へ真っ直ぐ登れるという登山道の取り付きの谷筋まで着いてトラップをかけた。さらに近隣の一奏（イッソウ）集落の一奏川の萱ん坊、また宮之浦集落まで戻って宮之浦川の河岸にも各々かけた頃、夕色濃く 7 時となった。夜は、安房の煉瓦屋で魚ばかり喰い散らし、出て夜空を見上げたらオリオンのアンドロメダまで見え、頭のてっぺんの高さに煌々たる十三夜月がかかり、個人的には月光と頭頂が肝胆相照らしているように覚えた？

　5 日朝、グリーンホテルの食堂にあったタンカンを握って出て、まず宮之浦で５頭ゲット、次いで一奏川原ではクマネズミを含み５頭ゲット、しかし川沿いの大カゴ 10 個がひっくり返って閉まっているのに、中の餌はソーセージだけがない？　この島固有のヤクサルがいじった後でアリが選択的に食べたか、サル自身がつまみ食いしたかな？それから、永田岳登山道の谷筋でも５頭をゲット、しかし小カゴ５個を置いた杉林内で異変あり…　暗い杉の根に２個が重なっていて１個には杉の小枝が数本突き刺さった上にマツタケ？が１個入っている、はてと明るい所へ出して見たらマツタケに耳が２つ付いている？　眼を凝らすと、手足と毛皮がなくて身ぐるみ剥された胴体だけのアカネズミであった。後の解剖で分かったが、耳にはツツガムシ、脾臓も腫大して、なかなか使える個体であった。サルがアカネズミのかかったカゴをひっくり返しては中のアカネズミの体表を剥ぎとって遊んでいたところへ私が来て"お前、何やってんだ？"と言ったら、"旦那、このネズミ、アカってんですかね、毛皮にダニが付いてんで綺麗にしてたんですよ〜"と弁解するから"あほ、そのダニ〜ィが要るんだ、余計なことすな、お前は鹿児島県知事の捕獲許可を持ってないだろう、サルは去れ"と怒鳴ったら"へ〜い、去る者は追わずって親父ギャグしたいんでしょ、旦那。でもね、あっしらは研究が目的じゃなくて森林保護の方をやってるんで許可なんてお構いなしなんすよ。旦那らがお構いなしは家ネズミだけでがしょ？"とまだ言うから"家ネズミは普通種だから構わんのだ。アカなどは今は普通種だが保護せんと数年で絶滅危惧種になると国は考えて法律という偉いしきたりで制限してんだ。わしなんかは、絶滅普通種ちゅうブルーデータブッ

クを作ろうと思っちょる”　“へえ～、それじゃ家ネズミは永久に普通種なんすか？　わしら毎日、ひとんちと森の中の両方を見てるけど、めっちゃ多いのは森の方のアカなんすけどね”　“わしらは、家ネズミはあまり捕らん。好んで捕るのは仙台の梅田川のヘイロン紅斑熱患者くらいだ。年中、国中で、仲間と捕り合って数を自慢し合うのは普通の野ネズミだ”　“旦那、なんか分かるような分からんこと言ってやせんか？”　“むむ、いいんだ、こん国ではこういうことは一杯ある。人間は自己矛盾て言って済ますんだ、お前らサルも国産なら馴れんといかんわい”。そうしてサルを黙らせた後、周辺でハタ振りをやったら、無いと思った小カゴ3個のうち1個が　30m離れた路肩の溝で見つかった。サルは随分引き回したものだった。

　安房の保健所へ処理のため戻る道は、特別保護区を抜ける永田林道を選んだ。くねくね曲がるたびにヤクシカやサル、またはその両方がよく現れ、眼を楽しませる。ふと思い出したが、その日は啓蟄（ケイチツ）であった。虫が何でも顔を出すという日だからマダニも出ているかなと、かなり安直な発想で、保護区に入るぎりぎりの路傍でハタを振り出した。すると、やってきた車から若い男の人が出てきて　“何を採ってるの？”　H 田殿が　“マダニだよ”と返すと　“まれにシカに付いているけど、こんな所で採れますか、許可証は持ってますよね？”　“持ってるが、見せようか…　マダニはこういうところに一杯いる、私は鹿児島県保健環境センター職員で、ダニ媒介性疾患の患者が屋久島でも出だしてるから調べてます”　すると彼は今頃になって腕章をポケットから出しながら、“はあ～、なるほど～”。彼らは環境省の事務所が催すエコ教育のツアー中だったらしく、ツアー客の前で、屋久島の暗黒面みたいことを知られるのは想定外だったか…充分な説明責任を終えて走り出したら、F 田殿が　“環境省って、何をやってんでしょう？”　H 田殿が即時に　“人間の管理をやってんですよ”まあ、観点は多様なので…

　その夕刻のトラップは、安房近い高平地区の林道沿い、またその下の1万平米におよぶ造園業（H 田の知人）の敷地内の庭木や果樹園の中だった。お茶を進められ、またまた甘いタンカンを食べながら歓談、大応接間の真ん中に3畳敷きの屋久杉の卓あり、3,000万円とか。

　夜は激しい雨の前線が通過、朝になったら晴れ間も見えて、林道で5頭ゲット、造園敷地ではクマネズミ4頭を含む8頭ゲット、すぐに保健所で処理に励む。昼に終わって飛魚定食を食べてると、あたりの客が携帯電話で欠航になったらしいがどうすると話している。急いで空港へ、確かに昼の便は欠航であったし、F 田殿が乗る次の便も調査中という。空港のあたり一面は水溜り、空は黒雲、不意に猛烈な雷雨が襲来した模様。

　翌日、私は大阪に遅れて着き、サンダーバードの切符を買い 40 分待ちでカレーを食べていたら、今度は、北陸線で人身事故があり発車は 2 時間ほど遅れると放送…　待っ

たあげく、何とか席のとれた一等車に乗ったところ、本学脳外科の先生に会い、"今度は？ えっ屋久島、いいね、環境問題だよね、私の川柳ね、「青い地球1万年後にはまっ黄い黄い、どう？」" "はい…"

　翌日、教室のI丸さんにタンカンを分けて、島行きの苦労を話したら、じっと聞いた後で、面と向かって"先生って、そういうことがいつも起こると思えばいいんですか？"

（2009年3月9日）

屋久島西海岸から見上げる永田岳／登山中の筆者／屋久杉の森に蒸すコケ叢／ヤクザル

6．いもーれネズミ（奄美大島）

　石炭紀の植生みたいヘゴが茂る、ハブが危うい奄美の自然、手つかずで残るのは何故か、島全体が急峻な山地で耕作地は少ないが山肌を削ってまでは開墾しないため、しかし島人は「島の産業は土木工事だ」と言う、限定された居住区内で造っては壊しを繰り返すからである。

　今回の奄美大島における学振、厚生の両科研費による本年最後の合同調査は 12 月 3 〜 7 日であった。ひと夜だけのトラップは、ネオン街からすぐの廃校横の藪だった。クマネズミ 3 頭は新型の大型カゴトラップで捕れたが、マングースなど獰猛な動物が入れば、東南アジアで使われる頑丈な鉄製のトラップと違い、収監力は保障の限りでない。ところで、この島には保護獣のトゲネズミが細々と居るが、沖縄本島に多いオキナワハツカネズミはおらず、ジャコウネズミ（台湾で銭鼠）も少なくて銭にならない。トカラ海峡の本土寄りの島ならアカネズミが生息するが、海峡を越えればこうなる。また、ここでの捕鼠は邪（蛇）道であってハブに会いそうで危ない。ここのマダニ類は、リュウキュウイノシシ、マングース、アマミノクロウサギまたトカゲ類によって維持されるが、里ではラット類やイヌ、ネコが加わる。今回のクマネズミにもマダニ幼若虫は多く付いていたので、後日の分析に期待したい。題名に記した“いもーれ”とは“いらっしゃい”という意味であり、我々がネズミに期待する気持ちと同じ、でも、クマネズミは日本紅斑熱の媒介マダニの宿主になり難い？　ところで、隣の徳之島の最初の紅斑熱患者さんにも会ったことがあるが、その息子さんが福井市に居られると聞いて、人の動きの妙をつくづく感じた。

　この調査に合わせ、創立 100 年余という県立大島病院で院内セミナーが企画された（H 田殿の希望）。調査員数名による講演だったが、情報は現地で役立ってほしい。

　帰路の奄美空港で、3 階ギャラリーにアマミノクロウサギの写真があることを知った。何と、その特徴的に短い左耳介に、カメラのフラッシュに白く浮かぶ飽血寸前のマダニが見え、ダニと宿主の相互関係を写真家が偶然に曝いた絵であった。感動の後、手荷物カウンターに下りると、彫の深い南顔の妙齢の係員が、私のバッグに入ったままの先鋭ピンセットと小型ナイフを見つけて「ダメ」と言いながら、ハブ避けに使ったマジックハンドも見るので、ゴミ拾い用ですと言うと、急に感に堪えぬ風で“あぁ〜、そうなんですかぁ〜”どうやら私は緑の島で何かの調査をする中でゴミ拾いもして来た奇特な人間と思われたらしかった。ただ、ゴミでなくマダニやネズミを拾ったのだとは言い難いし、それがゴミ以上のものであるとは更に分かってもらえそうになかったので、ニッと笑うだけにしたが、さぞ、キモかったろう。　　　　　　　（2009 年 12 月 8 日）

奄美大島名瀬港の遠望（同島は8割が森林と言われ、希少種を含め動物相が豊かである）

奄美大島の隣「徳之島」で退治したハブ（筆者の医学部実習で肉眼標本となっている）

奄美周辺の保健所では買い上げによってハブの駆除を推進している

7．ジャコウの恩返し（宮古島）

　9月30日から10月3日まで、宮古島のツツガムシ病初症例の感染環調査へ行きました。もちろん紅斑熱リケッチアなども並行調査したいわけで、琉球列島を通じて生息密度の高いジャコウネズミ（隣の台湾では銭鼠チェンスー）をいかに捕るかが問題になるのですが、幸い本種は食虫類ながら強靭で、トラップにかかった後も通常ネズミ類と変わらず生きてゆけます。しかし難点は臭いこと、麝香の香りと言えば聞こえはいいが何とも鼻をつく臭いで、採捕したジャコウをレンタカーに積んだ後で、車を返却されたレンタカー屋さんは、はて何処か身近で嗅いだような臭いだが、何の臭いであったか思い出そうとするうち、借りた私は支払いを済ませて帰ってしまうのです（苦笑）。

　今回のトラップの餌は、この島には肉食系の食虫類と雑食性の家鼠類しかいないので、従来のソーセージと薩摩芋に限らず、地元名物である薩摩揚げに変更しました。これは有効でしたが、さらに効率を上げるには生息場所をどれだけ診立てられるかでした。何しろ、この島はずいぶんと平坦で、最高標高点でも海抜100mの野原岳（平たい野原にできた小さい山くらいの意味か）という緩い台地しかなく、郊外に出れば一面にサトウキビ畑が広がるだけの単調な風景、捉えどころがないのです。しかし、石垣の上に立ってじっと眺めると、単純な環境の中にも微妙な多様性が見えて来るのでした。それは、平坦な土地の中にポツポツと存在する低木林、あるいは数本単位の木を伴う草薮、さらに草薮を伴った石垣段丘などでして、いずれもキビなどの畑で取り囲まれているのです。実際の捕鼠作業でも、そういった藪を選んだ人には獲物がつきましたし、不肖私が診立てた野原岳原生林の近傍では案の定よく捕れました。その理由はと申しますと、強靭なジャコウネズミといえども餌が少なく乾燥し切って暑くて隠れるところもない裸地では生きていけず、ある程度のお湿りと日陰がある隠れ場所として木陰の藪に営巣し、その巣を取り囲む畑地（ビニルハウス含む）に出ては採餌するという習性ゆえと思われます。言うなれば、リビングたる巣にキッチンたる餌場が備わったマンション、それが彼らにとってはキビ砂漠の中のオアシスであるというわけです。これは"オアシス理論"として、科学雑誌「自然の呼び声」（俗にネイチャーと呼ばれる）にまもなく投稿しようと思いますが、審査の対象外で掲載されるでしょう？

　さて、宮古島の野原岳は島の真ん中ということで、岳の一番高い場所に「宮古の霊石（たまいし）」というものがあります。それは、昔の領主が民衆の気持ちを一つにすべく、丸くした大きな石を置いたものです。私らはそこへ通じる遊歩道の入口で、島調査のまず1日目として捕鼠を行いました。小さいが速刺しの蚊が多く飛び交う中を構わず、鹿児島のH田はいつもの馬力で小型カゴトラップを藪に突っ込んでいました。その顔

には、何か犯しがたい自信のようなものが見て取れたのは私だけだったでしょうか…翌朝、その自信は確信に満ちた表情として現れ、現場へゆったりと歩み入りましたが、まもなく低い呻き声のようなものが聞こえたと思ったら、皆の前に現れたＨ田はいつものように悠然と立ち、「カゴトラップを持ち上げたとたん留め金がはずれジャコウネズミが逃げてしまった、のではなくて、自分が明日のためにリリースしたのだ、大物だった。」と言い放ったのです。誰も聞きもしないのに多過ぎる説明でしたが、言いたいことはよく分りました。どうして明日のためか、という問いに「あいつには恩を着せたから明日は息子、嫁、爺婆まで連れて必ずもどって来る、ジャコウは恩返しをする習性があるので、それを利用するためだった。」とのこと。皆は全く感心しながら、押し黙ったまま自分の空のトラップを翌日のために掛け直しました。翌朝、Ｈ田の様子は前日とまるで変わらず、悠然と回収に入り、やがて出てきた右手には、まことに運悪く掛かったジャコウ１頭が入ったカゴを持っていました。Ｈ田はまた言い放ちました「昨日の奴はこれだ、が、縁者を連れて来れなかったと言っている。言い訳は聞きたくないから聞いていない。処分あるのみだ。恩返しもできないジャコウは、そういう運命を受け入れるしかない」。私は、そういうものかと再び感心しましたが、それもそのはず、私の手には空のカゴばかりぶら下がっていたのです。　　　　　　（2008 年 10 月 7 日）

　　年末 23〜25 日には、寒い時期の宮古島へ参りました。誰も予想できなかったのですが、今冬一番という寒波が鹿児島県まで下向襲来した影響で八重山諸島でも冷気の風がとても強くて傘などは捲かれる始末、雨そのものは到着時にいささか降った程度ながら、気象台が最高 12℃と言うも風に吹かれた体感温度は 0℃程度か、私などは北陸を出る折に使った耳あてをまた取り出したほどです。帰る日も、晴れ上がって紺碧の海をみながら飛び立ったまではよかったのですが、北陸にさしかかると地上は大雪、小松上空で旋回して最後の試みのランディングはうまいこといったので伊丹戻りは免れました。今回は、夏から問題となっていた宮古島のダニと関係疾患につき厚生科研報告の締め切り寸前の調査ということで、ダニ類が主体の私と F 田殿およびネズミ専門の K 坂殿が特攻で臨むということだったのですが、１日目はダニ一匹も捕れずに眠れぬ夜を過ごして目覚めたのが翌朝 7 時半、ネズミの方も島南部はおろかゼロ坊主を避けるための野原岳でも捕れませんでした。サツマしかつけなかったせいかとも思いましたが、肉系餌をたっぷり付けた 2 日目のリベンジでもスンクス 1 頭だけでした。しかし、松原地区の人家周辺の藪やキビ畑周縁、また牛舎周りでは計 10 頭（大籠 50 ＋シャーマン 30）を得ました。これは、やはり餌の少ない冬はスンクスなども人家周辺へ移動しているらしいことを示し、またあの強靭と思い込んでいた食虫類スンクスの半分が死んでましたことで

は、亜熱帯らしからぬ寒さの場合は強靭なスンクスとても耐え難いことが分かりました。なお、肝心のマダニにつきましては、スンクスに少なからず *I.granulatus* ミナミネズミマダニが吸着、周辺のハタふりでも同成虫の数個体が採れ、本島の新記録でした。これら事実からの心象として、もし gra に何も媒介の意味がない場合、宮古島では台湾共通のツツガムシのほかに感染症疫学上の大きな問題はないのか知れません。でも分離や遺伝子検出は継続せねばならぬと思います。　　　　　　　　　　　　（2009 年 1 月 26 日）

　今秋の観察でも、宮古島北端で大橋で隔てられる池間島で年中捕れる *Rattus* 属に濃密なデリーツツガムシの吸着があることを改めて確認しました。他方、池間島に渡る直前の半島部分（狩俣〜島尻）は、同島に隣接する場所にかかわらずネズミは容易には捕れず、過去 2 年間の調査でもそうであったように、デリーツツガムシは池間大橋を境に宮古本島側にはまるで居そうにありません。西に海を隔てた伊良部島でも今回は初めてトラップをかけましたが、同属ネズミやイタチはけっこう捕れたにかかわらず、さらに南西部でも橋でつながる来間島でネズミが捕れたにかかわらず、いずれもデリーの吸着はなかったのです。したがって、今のところ疫学対応の上で問題になるのは池間島だけということで、福祉保健所と宮古島市役所の要望でネズミ駆除について協議しました。私から *Rattus* 属の捕鼠と殺鼠の方法論や意義について資料を提供、次の機会には試験区を設けて捕鼠作業の有効性を評価することを提案しました。その折、元宮古島博物館長からは、池間島の地理・地学的な生い立ちについて貴重な知見をいただいたのです。その情報や地元の方々からの聞き込みも含めて、デリーがどうして池間島だけに移入され繁殖したのか、その経緯がおよそ推測されましたので、図で紹介して置きます。

　　　　　　　　　　　　　　　　　　　　　　　　　　　　　（2010 年 10 月 18 日）

宮古島のキビ畑など屋外環境では大半が野生クマネズミ（一部がドブネズミ）／ジャコウネズミも高率に捕れる

宮古島保健所の前庭に建つ戦後のフィラリア症撲滅の記念碑／同保健所の車庫を借りて捕獲鼠類の解剖（細かな試料処理は所内の検査室で行う）

宮古島でも冬の寒波は厳しい／平坦なサンゴ礁の島では繁茂してもせいぜいの林地のみ

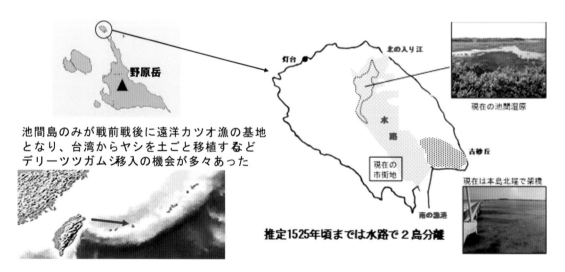

琉球弧の西側で台湾に近い宮古列島、その北端にある池間島の地理的な変遷／池間島に台湾からヤシ移植に伴いデリーツツガムシが持ち込まれた

8．ザワワァ、ザワワァ（池間島）

　「左の懐が真っ赤ですけど、大丈夫ですか？」「ああっ、かなり痛む！」…　嘘です。昨日、空路宮古島から小松へ帰る機内で、Ｏ川殿が私を心配しての会話でした。「懐」という部位は、個人により左右どちらかの肋骨中位ほどの範囲で、浅い、深いの違いもあり、いささかルーズな空間を指すものですから、医学的には特定が難しく、解剖学の教科書には載ってないと思われます。いずれにしろ、懐が痛み出しますと、じくじくと続き、かなり後に小康状態になることはあっても、すぐに再発する可能性はあります。打診では虚ろな響き、そして触診では懐が空っぽで冷えた状態を認めます。ただ、こういった痛みを訴える患者は放っておいた方がよく、かかわると自分にもしばしば感染します。発生要因は、武士は食わねど高楊枝的な生活を送りながら１頭当たり数万円にもなる旅費を払って珍しいネズミやダニを集めるなど懲りない浪費性にあることが多く、収集癖という病気に起因する日和見感染症の一つです。一旦流行すると、同病者が集まって国の全域に、いや国際的にも広がる可能性があり、医療費どころか研究費まで高騰を生みますから、近年は「懐の痛み」という病名で新感染症に入れて対応しようかという検討もあるとか？　しかし、新型インフルのお陰で、留ったままです。さて冒頭のこと、赤の水溶性ボールペンの色素が漏れてできたワイシャツのシミは取れ難いですね。

　さて、以下は、これまで宮古島、とくに池間島調査で島中のキビ畑を徘徊する間に歌って来た応援歌（の候補）、伴奏は尺八でと希望しますが、いささかマッチングしそうにもないようだし、Ｋ本殿が大ブレイクした"ダニボーイ"にはかなわないでしょう。

　ザワワァ、ザワワァ、ある日、手には鉄カゴ、足に長靴履いたコマンドが来た
　ザワワァ、ザワワァ、熱病に冒され狂うコマンドは手に手に罠をかけまくる
　ザワワァ、ザワワァ、ある朝、いつも通り雨の後、静かに詠うコマンドが
　ザワワァ、ザワワァ、南海の小島の丘のキビ畑にダニはつかずや犬とたわむる
　ザワワァ、ザワワァ、南海の小島の浜の草むらにネズミ捕れずや蟹とたわむる
　ザワワァ、ザワワァ、翌朝、麝香ふりまきキキと泣く子ネズミ殺すコマンドが
　ザワワァ、ザワワァ、昼は80％、夜は12％の酒に溺れ続けるコマンドが
　ザワワァ、ザワワァ、紺碧の空中に血潮のごときデイゴを見上げるコマンドが
　ザワワァ、ザワワァ、つつがなく帰るかコマンド、手にマンゴウ真紅に染まる

（2009 年 6 月 22 日）

宮古島北端で長大橋で繋がる池間島でサトウキビ畑に繁殖するクマネズミの巣穴

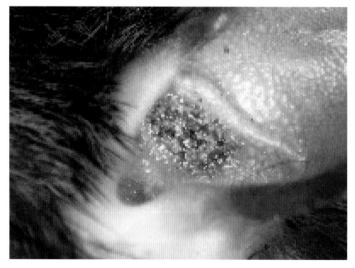

同池間島の野生クマネズミの耳介に集簇して吸着するデリーツツガムシ

補足（佐渡島、隠岐島、八丈島、答志島、種子島、三島、トカラ列島、八重山列島）

　島嶼の調査は、一般的な観光や探査ではないから、疫学的な問題が多い島々にだけ繰り返し渡航することが多い。かと申して、問題のある島のすべてを本書の話題にし得たわけでないので、挙げられなかった島についておおよそ触れておく。

佐渡島

　対馬暖流に洗われているが、日本海側の寒冷も強く、大型野獣もなくて、医動物関連の問題はほぼ聞かない。実際の採集調査でもネズミは多くは捕れず、1000m 余の山系はあるが北方系の Ip も見なかった。ただ、住民も少なくはない大きな島なので、機会あれば更なるサーベイランスは必要だろう。

隠岐島

　緯度が高いものの対馬暖流にも洗われる位置のため北方と南方の生物要素が混在した特徴的な島と言われ、筆者らの調査でも亜種的なオキアカネズミがけっこう捕れた。ほかに天然記念物ヤマネの独特のグループも棲んでいる。恙虫病の発生も知られてフトゲツツガムシ媒介性らしいが、島根県本土域も含めて検出されるオリエンチアの型には韓国系も含む。

山頂を削った佐渡の金山跡を遠望／隠岐島をフェリー上から遠望

八丈島

　伊豆諸島の南端域であるが、古くからタテツツガムシによる恙虫病が知られる。今は住民もいない属島の八丈小島には掻痒の強いナンヨウツツガムシも棲息する。アカネズミなどは三宅島までしか分布しないが、ラット系さらにイタチほか人為的移入動物は多い。筆者らはマダニ類はほとんど得てなく、ネズミからも関係病原体の検出はなかった。

答志島

　三重県の鳥羽市沖合にあるこじんまりした島々の一つである。S 部殿（伊勢赤十字病院）から、この島では近年になりイノシシが繁殖して紅斑熱症例も出始めたので、汚染が新たに広がるパターンを見聞いかがですかとお誘いを受けた。同島の第一号患者さんが出迎えて案内もいただいたが、チマダニ類は島内所々で採れたので、徐々に疫学経過はあったように思われたが、感染環の拡散現場という実感を持った。

答志島の遠景／同島の第一号紅斑熱患者さんが子連れでお出迎え（右端は S 部医師）

種子島

　一度だけ踏査したが、踏んでみればけっこう広い島でありネズミ、マダニ類もけっこう捕れた。しかし、鉄砲以外に伝来した病気などはなかったものなのか、筆者らが関わるような感染症について鹿児島県からも大きな問題は指摘されないままのようで、さすれば冷たい筆者らは自然と足が遠のいた。

口之三島

　鹿児島県本土からの距離順で竹島、硫黄島（鬼界島）、黒島の 3 つの島からなる三島村である。7 千年前に噴火した鬼界カルデラの中央火口丘が今も海上に頭を出して吹いているのが硫黄島で、沿岸の海が黄色く染まる怪しい島、かつて俊寛が流罪となった。筆者らは「島流し方式」と称して同時に 3 つの島に 2、3 名ずつ配流した形で調査したが、ネズミもダニも採れ難く僅少、筆者と F 田および H 田が配流された黒島は俊寛の硫黄島よりも、また後述のトカラ列島よりも「遠島のお裁き」感が強い島であった。

噴煙の硫黄島（鬼界島）が迫って俊寛の気分になる／竹島に上陸した流人を民宿が出迎え

トカラ列島

　薩南諸島の北側に並行した島々が十島村（役場は離島内に置くより便利とかで鹿児島港の一角に）、筆者も含む関係者は繰り返し調査して来た。ただ、本書で直接の話題になってないのが、筆者自身としても遺憾である。渡瀬線に絡んで生物相は興味ある様相を見せて、時に秋に見る恙虫病の型はクロキだし、冬にはアサヌママダニが特異な発生を見せる。鹿児島県本土域からの要素は列島中央の中之島の前後まで入り込んでいるが、ただ、トカラヤギや放牧牛の移動など人為的要素の移入なども考慮しないと島々の独自性を見誤ることもないとは言えず、それは南西諸島全体でも言えることである。

　三島と同じ島流し方式でやれば、鹿児島から最初に着くのが口之島、放牧牛が闊歩してオウシマダニをばら撒く光景も見るし、タテツツガムシも分布する。

　次の島が一番大きな中之島、中央の御岳は列島で最高峰の 1000m ほどで、船からも常に雲のかかった頂を眺める。この雲が島に居ると自分らの上だけに懸かって見えるので、筆者の責任ともされた。アカネズミやタテほかツツガムシもよく捕れる。トカラを紹介する博物館が台地の上に建つが、館長が何と福井県人で雇われ職だという。島が気に入ってずっと居たいと笑顔だった。

　続く諏訪瀬島、噴煙を常に上げるため煙たい。家ネズミ系はけっこう捕れるし、こんな島でも恙虫病の発生が時にある。人口は僅少なので罹患率は高くなるはず、いかなる感染形態なのかじっくり観察も面白いだろう。

　さらに悪石島となるが、東洋区へ移行する渡瀬線の入り口で、岩隆々の島である。ヤギも多く生息するが、海岸縁の草付きなどでタテツツガムシがずいぶん採れるし、冬はアサヌママダニがずいぶん見られて、南海のダニ相は涼しい冬に花開くがごとし。

　船が悪石島から子宝島へ向かう位置の海底に薩南諸島と奄美諸島との地理的ギャップ（一定幅）があり、旧北区（暖帯）と亜熱帯の気象遷移も合わせて動物分布の境界となり渡瀬線と言う。隣接する宝島も共に珊瑚礁の島で、悪石島までの火山島と異なり、土壌も風も環境が一変して、アカショウビンが明らかにさえずる。ラット系やダニ類もみるが少ない。この島と奄美大島はもう緯度が近い。

　なお、島の調査は島流し方式と1島集中方式、どちらが良いかは意見が分かれる。

口之島の高台の牧場より／中之島のトカラ最高峰をフェリーから遠望

八重山列島

　宮古列島より更に西へ行くと石垣島がある。そこでは一度採集を試みたことはあるが、何も捕れないまま、竹富島へ寄ったが何も捕れない。その向こうの西表島は若い頃含め3度目になり、やや探検風に歩き回ったが、ラット系を道端で拾っただけ、マダニもチラホラ捕れたがデータになるほどのものでなく、いつか腰をすえて対応したい。一つだけ顕彰しておきたいこと、西表島の南方に日本最南端の波照間島があり、戦時中に同島住民は軍の都合でマラリア流行地の西表島へ強制疎開させられたが、終戦で戻された故郷の島にも同病が入ったため全島民 1,500 名余が感染して 3 割が亡くなった、今は敢えて申せばその猖獗を恨み忘れぬための「忘勿石之碑」が波照間島を遠望する西表島の南岸に建つ。参るには波間を走って岩盤に立つ勇気が要るようになっている。

　西表の先、わが国最西端の与那国島は、ごく最近は地政学的な問題から国防の先端として基地造成が云々されているが、それ以前に筆者らが入ったところ、隣接の台湾と同様、ジャコウネズミが多くてネズミ固有のマダニも吸着が多かった。

忘勿石之碑は、2019 年の台風により銘板などが損壊／西表島の板根とシダがうねる原生林

与那国島は放牧が盛ん、南端にはテレビ「ドクター孤島」の撮影セットが残される

Ⅳ　海外巡礼

1．済州島（呉先生）

　南紀の SADI へ済州大学の呉先生を招聘する準備しているところへご本人から数日前に Fax あり、昨年春の調査でラットでない不明種ネズミが捕れたことについて、あれは *Tsherskia triton*（Greater long-tailed hamster;キヌゲネズミ類であるとのことでした。こちらの検査記録によれば、本種から重要なものの検出がないようですが…

　ただ、これまでの採集物からみても、また今回捕れたネズミからみても、済州島は大陸系であることは明白、これから渡る対馬とは一線を画すもののようで、疫学的ないろんな観点への影響は大です。なお、上記キヌゲネズミ種は昨春の捕獲記録では No.13 と 18 に当たり、いずれも体重100g 台です。　　　　　　　　　（2008 年 5 月 6 日）

済州大学科学教育学部（動物生態学）の呉先生（かつて九州大学に留学）

チェジュセスジネズミは山林内に少なく、路傍の草藪で捕れる／島内の採集フィールドを歩くとよく現れる土饅頭のお墓群

２．泰山鳴動ネズミなし（中国山東省）

　中国山東省へ行って来ました。シベリア方面から寒気が迫るも、背後に海はないので日本列島と違い雪は降らずも、凍結乾燥装置の中に入ったように毛穴から水分が逃げてスースーと音が聞こえるほどの寒さでした。しかも、青島〜泰山の範囲を新幹線や貸切タクシーで周回する中で確認できたのは、山東半島は標高 500〜1,500ｍの褶曲山脈でできた岩山系が２つあること、それら岩山の隙間を黄河が埋めてできた沖積平野がこの地でした。岩また岩が現れますが、とりつく島森がない状態、これまでの同国での経験（黄山や武夷山など）からしても、何処で捕鼠ができるものやら…　ヤマトマダニはこんな所を通って分布を日本列島まで広げられたものか？　なお、新幹線と言いましても車両は日本の模倣品で在来広軌を 120〜200ｋｍ／時で走るもの、しかし、駅はアウシュビッツ行きが発着するような雰囲気で、乗客は山のような人民です。ただ、新幹線も高速道路も地権者の縛りがないので敷設距離はめっちゃ急速に伸びます。

　泰山は王朝時代から信仰対象の壮大な山、ただ岩盤また岩盤で良い場所を選べず収穫なし、同じくマダニも採れず。翌日は青島へ戻り、北郊外で半日かかりで見つけたのが谷川沿いの段丘のわずかな草藪で、鼠穴は見えただけと思ったところ、翌朝はトラップ30 個で 11 頭ものセスジが捕れました。しかも、真白に凍り付いたアルミトラップの中で９頭もが生きてました。日本の柔な野鼠とは違い華北産が耐寒性なのか、餌にした中華ソーセージの威力だったのか…　どうせ捕れても死亡個体で採血せずに済むだろうとの思惑は崩れ、処理に時間を取られて帰りの飛行機は走ってぎりぎりでした。

　ところで、シャーマンに入った野鼠が零下何℃まで耐えるか、地域別の個体群で実験する価値はあるか知れません。いずれにしろ、この泰山などの岩盤環境では野鼠はまず捕れませんので、トラップでは土地を選ぶことが大切で、わずかでも土壌や植生のある地点を見つけねばなりません。この度の冬季山東省のことは言わば極限状態の見本みたいもので、国内でも同様に生かすべき経験でしょう。　　　　　（2007 年 12 月 10 日）

　「岩山の挟間に生ゆる杜松の華春に訪ひ来て 野鼠と愛でまし」

山東半島で乗った模倣新幹線／泰山は山頂までロープウエイが架かる全山岩盤質

3．新型トラップ（黄山）　付 ダガーナイフのこと

　新型インフルの風が吹き荒れ 1 日 76 万人感染など流言もどこ吹く風邪、とは申せ厚生科研リケッチア班も「新型インフル等新興再興感染症研究事業」に含まれる建前から国民のため？働き詰める昨今、そうなれば申請時に含めた海外調査も、同時進行の学振科研の海外調査と重複しがちとは言え、別々に実行せねばならない。そこで、9 月 22日に、班員の I 崎殿らと共に勇躍向かった先は、*Rickettsia heilongjiangensis* の検出や*Ixodes sinensis*（≒ *I. persulcatus*）の生息確認を目的とした安徽省である。

　同省南部の黄山市に入って、古めいた造りの新しいホテルに泊まった。翌日は同市名物の老街をかすめて郊外へ出ると、一千年の歴史を刻む古き良き漢民族の村、宏村の盆地に入った。村の手前の茶畑縁にトラップを仕掛けた。前稿でお話した通り、カワセ製の新型の小型と大型のカゴトラップを計 30 個試用した。翌朝、セスジネズミ 3 頭を得たが、1 頭は大型トラップに掛っていた。ただ、その後もラット系は入らなかったため、大きいやつが暴れた際の耐久性の見極めはできなかった。　　　　（2009 年 10 月 14 日）

　アララ、今日 7 月 4 日からダガーナイフの規制が始まるというネット記事、はて、私が使うナイフはヤバイのではないか？　規制では刃渡 5.5cm 以上はすべて禁止とある。ネズミ捕獲自体ばかりか、使う道具まで許可制になったか、どうなっている…　ナイフの柄を握りながら、むらむらと怒りが…　ああ、これがいけないのか、気持ちを抑えながら規制内容を読み直すと、ちょっと謎解きも…　ナイフの定義は「柄を付けて用いる左右均整の形状をした諸刃の剛質性の刃物で、先端部が著しく鋭いもの」となっている。これなら、私のナイフは欧州の戦史上で知られるダガー（剣を指す）という形ではなく、ミネにギザギザはあって少し危ないが左右非対称で通常型のナイフに過ぎない。当局に供出されるナイフも大半が遵法精神気高い市民の差し出す対象外の物らしい。となれば、これまで売られた本物のダガーの大半は出てきてないことを意味する？　これはまるで感染症法の危ない実態にも似るような…

　最初のナイフは、若い頃にミャンマーで買ったインド製の細身で柄が斑模様だった。通常の刃では歯が立たぬオニネズミ *Bandicota indica* の処理で使ったお気に入りで、餌を切るたびにネズミがよく捕れるよう呪いをかける妖刀であった。それが 10 余年前の天山北路、ウルムチ空港の受付に置いて私がトイレに立った折、戻ってみると、同行の馬先生は苦笑い、I 畝殿は無念そうに「ナイフは没収されたが鞘だけは返してもらった」とのこと。皮製のしっくりくる鞘だったので、いつか恋の鞘当にでも使おうと思っていたが、ナイフならぬワイフは居るし、抜き身では危ないし…　（2009 年 7 月 4 日）

杭州大学の馬先生のお宅／黄山系の宏村（文化遺産）と黄山中心部にて／周辺で得た野鼠

著者愛用のナイフ（先端を欠いてある）／中国の山村市場のイノシシ検査でも使う

4. ソシュールの鼠（欧州アルプス）

　小学生の後半の学校祭の折に、郷土の地勢を古新聞紙を材料にした紙粘土で一畳ほど
の大きさに練り上げて展示することがあった。それ以来、その手仕事が大変好きになり、
時間が空くと一人で、空想の地形とくに山々を紙粘土で造形するようになった。その対
象の山として、母が買ってくれた科学物の本の写真にあったマッターホルン（標高
4,478ｍ）があった。当時の少ない資料から現地の東西南北を推定して岩壁を練り上げ、
これが北壁だ、でもここは登れない、登るのならツェルマットから正面に見える稜線だ
ろう、などと子供心に考えては楽しんでいた。中学に上がってから、ウインパー隊が初
登頂（1865 年）できたのがその正面の稜線であるヘルンリ尾根のルートであったと知
った時は、納得しつつ妙な優越感を覚えたりした。しかし、今この歳になって、実際に、
ウインパーが登頂の起点としたヘルンリ小屋の 3,100ｍまで上がって稜線の岩に足をか
けてみると、今は整備されたルートゆえ無理に登れなくもないだろうが、しかし無茶か
という気持ちになってくる…　見るだけで満足しようという気持ちになるのは歳の功？

　ツェルマットの駅前通りを街の中心まで歩いて来るとドルフ広場、そこの教会の前庭
には、清冽な飲み水が湧き出るマーモットの泉という一抱えほどの石積みがあり、表側
にはマーモットの群像、裏側にはアイベックスの像が佇立している。その前庭から数段
下がった広場にガラス張りの天蓋をもったマッターホルン博物館の入口がある。そこか
ら階下 2 階まで展示室が掘り下げられていて、ちょうど今年（2015 年）はマッター
ホルンの初登頂から 150 年目という展示がされている。展示室は朽ちかけた木柱など古
きスイスの建材を再利用して仕切られた空間であり、やや薄暗い数区画が不規則に並ん
でいる。その中で何故かひときわ暗い一角があって、そこにはオラス・ベネディクト・
ド・ソシュールが使っていた机が置いてある。古いペンやノートと共に、小さなコルク
板に置かれた錆びたピンセット、そしてその先にあるのは、鼻を近づけてじっくり見れ
ば小型哺乳類の剥製ではないか…暗い中に小さく捻じれて属も定かでないが（ヤチない
しハタの仲間の小型種ないし幼獣みたい）、アルプス産のネズミには相違ない。これは
誰もほとんど気付かないような小物の展示である。ところで、アルプスでネズミと言え
ば、ツェルマットでもほかでもＵ字谷の集落で見かけるのは古い穀物倉庫の脚に仕組ま
れた“ネズミ返し”である。黒く塗ったログの四角い倉庫が高床式になっていて、4 隅の
床と土台柱との間に平らな石が挟んであり、地上から上がって来たネズミがどうにも石
板のオーバーハングをクリアして上がっては来れないのである。この場合のネズミは家
鼠が中心だろうが、山上の原野であちこち見え隠れするマーモット（ネズミ目リス科）
なども加わったのだろうか、ただマーモット自体は人に狩られる対象だったので、人家

に近づいたかどうかは分からない…　こういった"返し"は各国にさまざまの造り物を見るが、スイスで注目されるわけは材料が山から取って来る石板（わが国の鉄平石に似る）であるため、これは人家の屋根葺きとしてアルプス各地で今も広く使われており、通常のトレッキングコースを歩いてもこの石があちこち地層になっているのを見かける。山岳風情を醸し出す地産地消の重宝な建材と言えよう。

　さて、ソシュールの話に戻るが、この先生はリンネなどが活躍した 1740 年にジュネーブ近くの貴族の家に生まれたが、物理学、化学、生物学、地学を融合させて"geology"を創始したことで知られる。その活躍の中で、アルプス各地の峰を制覇して回ったことから、近代登山の形をも創始したとされる。なにしろそれまでは、峰々には正式な名前すら付いてなかったことも多く、地元の村人にとっての山歩きとなれば、こちら側のU字谷から向こう側のU字谷へ高い峠や峰を越える生活上の必要しかなく、好んで岸壁を登攀するような登山は考えなかったらしい。エベレストに挑戦し続けたマロリーは、そこに山があるから（登った）"Because it is there"との言葉が伝わるが、昔の人たちもある意味でこれに近かったものか、しかし、これだけ広大に氷河で彫刻されて林立する4,000m峰をみて特段のモチベは湧かなかったのだろうか…　もっとも、アルプスでは、中腹の起伏程度さえ楽しく歩ければそれでよく、そこから上の山頂までのカミソリの岩稜は登りたい人だけが行くということで、前者をトレッキング、後者をクライミングと明瞭に区別できるので、個人の思いは好き勝手でよいのだろう。実際、さまざまな索道を利用して足軽なトレッキングで上がれる標高だけでも 2,000～3,000m はあり森林限界を越えているから、歩いて行こうと思う先の道や麓の集落が丸見え、また雲の動きも見下ろして把握できるので、何やらの不安感も少ない。日本の山行では、見通しもきかない草いきれの中を汗して登る一方の苦行の末に稜線に出てようやく眺望を得られて嬉しくなるというパターンばかりなので、山の在りようや向き合い方が基本的に異なるのである。ところで、ソシュールの場合の登山では、クライミングした後も山上に長く留まって、地球を知るための研究対象ということでアルプスのさまざまな環境や気象の観測を行うことが多かったようで、言わばフィールド調査の草分的存在とも言えよう。上述のマッターホルンの標高も彼が極めて正確に測っていたらしい。欧州アルプス最高峰のモンブラン（標高は積雪のため 4,810m内外で変動）は 1786 年に初登頂されたが、実際に登ったパルマとパカールは、ソシュールが出す懸賞金に応募し、かつソシュールが頂上近くまで種々観測がてら予備踏査していた情報に頼って成功を勝ち得たらしい。だから、シャモニーの中心のパルマ広場には、パルマがモンブランを指しながらスポンサーのソシュールに登頂報告をしている 2 人組の像が建っている（パカールは未登頂という誹りで像を外されたが、1980 年代になって、彼の登頂も証明され単独で立像）。

ソシュール自らも、直ぐ翌年に観測機材を持ってモンブランに登頂したが、それに隣接する山群のグランドジョラス北壁やドリュ針峰西壁など岸壁登攀ともなれば、当時では夢のまた夢、むしろ恐れ多いことであったろう。

　ところで、欧州アルプスで日本人が古くから活躍した舞台と言えばグリンデルワルトである。私は、2年ほど前に、軽井沢の追分宿の古書店で槇有恒の創刊版「山行」を見つけていた。その山岳哲学の著述の中心はグリンデルワルトでの暮らしやアイガー（標高3,970m）とくに北壁についてである。有恒が1921年にアイガー東山稜を初登頂した後、日本人も含む選ばれた登山家が北壁をよじって成功ないしは無念に散って来た。とにかく、アルプスでクライミングの対象とされる岸壁は、標高1,000mほどの里から一気に草木も生えない3,000mの壁を這い上がって4,000mに達するようなところが多いのだが、とりわけこのアイガーでは登る姿が麓のクライネシャイデック峠の登山電車駅やホテルから丸見えで、今朝から登り出した人が無事に行けたか、ないし無残に落ちてしまったか隠しようもない石舞台である。山岳へのそうした日常的な慣れと共生意識ゆえだろうか、古く1890年代から崇高なはずのアイガーの山体にトンネルを穿ち始めて1912年にはユングフラウのヨッホ（標高3,500m）の地下に駅を設けて登山電車を上げ、そのてっぺんを突き抜けて展望台を立てている。そして現代、広げた洞内や繋がるアレッチ氷河最上部でも、お遊び広場を観光客（日本の隣国人なども多い）に提供している。ただ観光客と言えば、この10年はスイスの観光客は自国民に新興国を加えた人で半数を占めるものの、欧米先進国からの客は減り続けていると言う。思うに、アルプスの山と人の営みは、世界の公園としての姿を自然そのままに維持してこそ良い評価が得られるものではないか、ツェルマットの町自体にも似た危惧はあって、同市は妙高市と姉妹都市提携して、ツェルマットでは教会の横に、妙高市では駅前ロータリー横に各々提携記念碑が置かれているのだが、最近、私が両方の山で *Ixodes* 属マダニの探査をする中で垣間見た限り、両市共にリゾート化の安っぽい姿が気になるのである。何処でも何でもそういう傾向だが、私が40年前に訪れた古き良きツェルマットは、無い…陳腐過ぎる言い方ながら山は自然資産の代表格、その在り方が大切、自国の山に生息する野鼠の生き様でも互いに「他山の石」として、自然物の維持保存、尊重、レスペクトさえほしいと言いたい。

（2015年8月2日）

シャモニー駅前からモンブランを望むソシュールとパルマ／同市背後のドリュ針峰

逆さマッターホルン／ツェルマット博物館のソシュールのネズミ標本

ネズミ返しの穀物倉庫／迷い犬の足元にエーデルワイス／マッターホルンを仰ぎ見るツェルマットの登山史的な墓地／墓地横にある妙高山との姉妹記念碑

槇有恒の「山行」初版本／アイガーやユングフラウヨッホへ向かう遊歩道

5．ゲーテやベートーベンのネズミ

　つい過ぎたばかりの年末、クリスマス音楽として定番になっているホフマン童話になるチャイコフスキーの「くるみ割り人形」を聴き流していると、第1幕第7曲が「くるみ割り人形とネズミの王様の戦い」になった。やれやれネズミさんはいろんな物語に出てくるものであるが、ここでのネズミは中世ヨーロッパで流行ったペストの病巣として目の敵にされたものだと深読みをせねばならない。ペスト塔はウイーンの街路で見たが、中世の時代に関係した事柄や人たちを寄せ集めて造形した塔であり、欧州人の負の思い入れの強さを感じられるものであった。しかし、私たちは所詮そうした思いを深めることなどできず、せいぜい「くるみ割り人形」と同程度か？

　そう言えば、ヨーロッパアルプスでは、山腹の諸所で岩やアルプの隙間にマーモットが生息していて、トレッキングしているとしばしば見かけるほどで、現地では言わば馴染みのネズミみたいな位置づけになっている。そのためか、何でも屋のゲーテは詩歌の作品に時に登場させるのである。その中に「マーモット」という題名の詩があって、それに曲をつけたのがかのベートーベンだということで（作品「8つの歌曲」の第7曲）、ちょいとキョトンである。普通の感覚で言えば楽しいと言える曲ではなく、かなり以前に一度聴いたことはあるが、現今では演奏される機会はなかなかないだろう。しかしベートーベンと言えば、日本の12月中旬は各地で第9が演奏されるが、あの時代に、あの難聴で、あのパフォーマンスの曲は何とも信じがたい。一方で、エリーゼのためにとか、月光とか、ロマンスへ長調など、音楽の海原、いかなる調べでも生み出す源ゆえに楽聖ベートーベンである。

　ただ、美しい歌曲というのならシューベルトであろうが、ここにまたゲーテが登場して、あのハーメンの笛吹き男の伝説を詩にして「ネズミ捕りの男」と題して、それに曲をつけたのがシューベルトだと知ってしまうと、もうグウの音も出ない。ボルフ？という作曲家も同じ題名の歌をつくっているらしいが、聴いたことはない。両者を比べると、シューベルトはのどかな男を表現し、ボルフは悪魔風を醸しているとのこと。ところで、ドイツ語 Der Rattenfanger を訳せば「ネズミ捕りの男」、そう、ゲーテは今様ネズミ捕りの我々のことを詠んでいるかに？「ギョ！ギョエテは俺のことかとゲーテ言ひ」、何ということでしょう…

（2016年1月2日）

ウイーンのベートーベン像／同市のシュテファン大聖堂に近く建つペスト塔

アイベックスと一緒の石造りマーモット／アルプを踏み行くマーモット

６．文明の流路（氷河とライン川）

　前掲の尾瀬行の後、印刷製本の作業が進んで「医ダニ学図鑑」が 2019 年 9 月 20 日に無事発刊となった。その図鑑の中で、病原媒介ダニ類とその宿主動物の日本列島弧への侵入そして拡散に関連する項目として、私自身が直接、間接に述べているのが氷河期の意義である。もちろん、私は地学や地球物理学の立場ではなくて、それら専門分野の資料にみる知見を引用しつつ、それら知見に医ダニ類の分布や生態などの有り様がどう絡むかの面について問いかけを試みているのである。こういった問いかけは従来の成書にはあまり見ないので、それなり意義はある自画（自賛までは？）だったかと思っている。

　ただ、それら記述としては、欧州を中心にした氷河期についての認識の勃興や展開などまでは詳しく言及できていないので、やや異例ながらこの紙面を借りて、もう少し私の知り得た、あるいは欧州の現地で目にできた氷河期関連のことどもを、勝手ながら図鑑の記述補遺の意味も含めて記しておきたい。

　ノアの洪水：最近の洪水災害の多さの中で言及するのは憚られるのであるが、世界の創成期の中で起こったとされる未曽有の洪水によって現世の人も動植物も淘汰されたという大事件が、洪積世の背景にすえられた。情緒的に申せば、地理学が宗教観で支配されていたのが欧州だった。スイス国の古都ルツェルンでは、フランス革命にかかわり 700 名内外の戦死者を出したスイス傭兵の鎮魂を顕す巨大な"嘆き（瀕死）のライオン"像が 1872 年に岩壁に刻まれて、多くの人達に感動を与えて来た。その岩壁に隣接して「氷河公園」というものがあるが、多くの観光客が傍のライオン像に魅せられると言いながら、公園の方へはその 100 分の 1 ほどの人しか訪れない。でも、その一見狭い区画は大変に貴重なものである。そこは草原だったが、1872 年にワインセラーを作る中で丸まった迷子石や甌穴また岩床の擦痕が多数掘り出されて、そこいらが氷河の底であったことが分かったのである。迷子石などはアルプス地方の各地に散見されて、中世にはノアの洪水の跡と言われたが、1700 年代中盤からはその地域ごとにみる氷河で運ばれたものだろうと考えられ始めた。その考えは、次第に理論化されて、氷河の役割が注目されてゆき、1840 年前後にはアガシーなどにより、氷河が全地球的な面積を覆っていた「氷河時代」が存在したという仮説が現れ（「氷河研究」なる著作の出版）、その後の知見の蓄積により 1870 年代までには「氷河期（＝洪積世）」の定義が確定した。最終氷河のウルム期に一致した地質地形がほぼ現在の地形に等しく、その時期に海進や海退で浮き沈みした陸橋を介して拡散や往来ないし隔絶して来た動植物が現今の分布の基礎をなしている。ゆえに、医ダニ類も含む自然病巣を地理病理として説く場合には氷河期の認識を欠かすことができない。一方、縄文時代の頃、その氷河の広大な匍匐が溶け

て海進が起こり、やがてそれが海退に転じた跡に河川が沖に向かって埋め立てを進めて来たのが今の沖積世の平野形成である。

　U字谷：日本列島ではＶ字谷が普通の谷の形であり、近い山から流れ下る急峻な河川が山腹から山麓にかけて無数に刻み出したものである。わが列島では昔から集落が山沿いに並ぶため、Ｖ字谷から土石流が押し寄せて災害が頻発している。今年の全国平野部での氾濫だって、立て板に水のＶ字谷から短時間に沸き立って集まってしまった膨大な水によるものである。これに対して、Ｕ字谷は、高山から緩いながらも圧倒的な力で下る氷河によって掘削されたものである。欧州の昔人は、高い峰々に日頃望む輝く雪氷の河筋がやがて麓に谷を刻みだす経過は容易に目視できていたが、これが地球的規模（おおむね北半球の中緯度まで）で広がり一つの時代を作っていたとは思いつかず、また思いたくもなかったろう。そういう昔人の思いは、たとえばスイス国グリンデルワルドの、ゲーテも住んでいたことのあるラウターブルンネン谷のＵ字底の平坦な道を歩めば体感できることであり、私も耕作地や放牧地が延びる中をやがて教会の尖塔も見えず心細くなるまで歩いてみたことがある。途中の木工所で訊けば、次の集落までは 20 分と言うたが実は１時間余の距離であったものの、雰囲気がナウシカの舞う風の谷はこんなかと思えて無心に歩を進めた。

　なお、日本列島では、北アルプス、特に剣岳周辺の大きな雪渓の中に 10 ヶ所内外だけミニ氷河（ごく緩徐に流下する雪氷の塊）が発見される一方、各地高山の山頂下には円く削られたカール地形（圏谷）をみる。槍ヶ岳を浮き彫りにする槍沢では、氷河公園と呼ばれるＵ字谷が明瞭に刻まれ、規模は小さいものの氷河擦痕をみる。

　氷河湖：このようなＵ字谷界隈には大小多数の氷河湖が作られ、それを眺め渡せば蒼味ある美しいミルキー色である。氷河から流下する谷川の水は間断なく岩石を砕き溶かすため、その成分を含んだ特有のミルキーな色合いを見せるのである。たとえば、オーストリア国インスブルック市内を豊かな水量で貫流するイン川などはどの季節でもミルキーな色調で、橋の上から水面を見つめると吸い込まれそうになる。わが国内では、たとえば、上高地小梨平辺りを貫流する梓川の色は、青白色の川床が透けて見えるだけのものだし、北海道十勝岳の西麓にある青い池そして青い源流は溶け込んだアルミニウムのコロイドの色だと言われるように、純然たるミルキーの流れはないようである。

　ライン川：ヨーロッパの大河ライン川の源流域はアルプスのスイス国北辺のトーマ湖など氷河湖であるが、川はまもなく大きなボーデン湖に入り、そこから改めて豊かな水量で流れ出る。その湖の北畔はドイツ領のガイエンホーフェンという村で、そこにはドイツ文学の金字塔ヘルマン・ヘッセが 7 年ほど住み、多くの芸術家や作家と交流し、その短い間だけで、私も愛読した春の嵐、車輪の下、郷愁ほかの作品を毎年のように生

み出している。まるで、秀作を目の前のライン川に流し続けたかのようである。その村から少し下流のシャフハウゼンにはこの川唯一の滝である「ライン滝」が津波のような怒涛で懸かるが、この滝壺の直後からは静かな川面が遥か北海まで達して、その間の流域面積の約 60％もが彼の故郷ドイツ国に属して文化経済を支えている。大小さまざまな船舶による水運が可能で、陸上交通の発達した今でも、この川の流れはドイツ国に豊穣をもたらしている。このように、平滑な水位で長距離を流れ続ける間にも、一部ではハイネの詩にも謡われた妖艶なローレライが若者を川底に引きづり込んだ難所も見られる。その周辺には、ネズミ塔（モイゼ・トゥルム）と呼ばれる細く小さい石塔も立っている。本書にとってあざと過ぎる名称ゆえ説明する気にもなれないが、これは中世のマインツ大司教が農民を閉じ込めたことへの逆襲で大発生したネズミに追われて逃げ込んだ塔と言われる。いずれのスポットも、船でゆく悠長さの中で一時のアクセントとして配された風である。ただ、さらに下流の右岸はザンクト・ゴアールスハウゼンの町で、河岸に連なる家並みの中に Rathaus と壁書きされたクリーム色の建物を甲板から発見してホッとした。この話の中で少なかったネズミのことに繋がりそうだったからではある。しかし、単純な読みでラットの家みたいながら、ドイツ語なら Ratte のはずだし…そう、Rat はドイツ語で助言と言った意味で、Rathaus と複合すれば市庁舎ないし役場を意味するのである。このように、ドイツ国はこのラインの流れに沿って様々な街並みを展開するが、各位も映画 "遠い橋" でご覧になったことはあろうか、この川筋に架かる大小の橋自体が延々と戦場になった苦い歴史もある。しかし、良くも悪くも、この川の源流は氷河であり、それが流れ下ってドイツ国を潤し続けて来ているのである。

（2019 年 11 月 18 日）

スイス国ルツェルン市で傭兵の悲しい歴史を現す「嘆きのライオン像」／ライオン公園に隣接する氷河公園（同市の下に氷河の底であったことを示す地質の痕跡が発見された）

グリンデルワルトに着く手前から入るラウターブルンネンのU字谷

インスブルックを横断するイン川や周辺の湖は氷河に特徴的なミルキー色

シャフハウゼンにある洪水のようなライン滝／ローレライ付近と Rathaus

7．ハーメン（ネズミ捕りのメッカ）

　ネズミが居るわ、居るわ…　ドイツ中部、ハノーファーの南にハーメン（Hameln と書くが l は無音）という街があって、いろんなネズミ（のモチーフ）が溢れていました。片手間ながら「ネズミ考」を綴っている私も未だ訪れていなかったネズミの街です。いろんなネズミ…街のあちこち、旧市街はもちろん、新市街の鉄道駅舎の入口のガラス戸にさえネズミが描かれ、その徹底ぶりが凄い。

　この８月末にヘルシンキの北、シベリウス生誕のラハティ市周辺でタイガ（北アジア森林帯）のマダニを採集した後、一気にミュンヘンまで飛んで、その北東のバイエルンの森からチェコのボヘミアの森を訪れ、さらにモルダウ中流のプラハを経由してエルツ山系から北行するエルベ川沿いにドイツに入り、そこから北上して北ドイツ平原のリューネブルガーハイデまでマダニ採集を続け、さらにＵターンして南下、ドイツ中部のハーメンに入ったのでした。以前からアルプス地域の調査で一緒しているスイスの研究者から助言は得たものの、実際はクック鉄道時刻表を片手に鉄路で巡ったのです。私は欧州鉄道のちょいマニアでして、幹線でも支線でも、どのプラットホーム、どの列車番号、どの車両に乗ればどういった駅に着いてどうなるかはおよそイメージできます。欧州の鉄道では、駅舎や車内でうるさいスピーカーによる案内は基本的にないし、列車も黙って発車するので、慣れないうちは不安がちながら、静かな旅の良さはやがて分かります。日本の鉄道では「ただ乗りしないでね〜」みたいに改札口で切符を必ずチェックする性悪説に基づくシステムですが、向こうでは乗客は当然切符を持っているはずとの性善説に基づいてまして、乗った後で車掌が確認しに回って来る（短時間の支線では来ないことも多い）という形ですから、気持ちがよいのです。ともあれ、今でもローカル線を廃線にすることは少ないようで、深い山中や原野の果てまで列車が走っているのは感心しきりです（車内は広くて、自転車や犬も乗り放題、支線でもしばしば二階建て車両、指定券などは不要の路線が大半、広軌なので速いし揺れない、そうそう食堂車も随分ついてまして、まあ、これに比べて日本の在来線は貧相なもの）。さて、鉄道の旅で目の前を流れゆく欧州の生態圏は、広大な平野林が続く中にたまに準平原の山系が現れる程度で、ある意味で単純、変化が少ないものです。各地の降りた町でマダニを採集してみますと、今更ながら欧州はマダニ（ほとんど *Ixodes ricinus*）の生息密度が高いこと、これだけ多かったかとの体感です。トレッキング好きの欧州人が地域ごとに無数に開いた山道や遊歩道のいたるところで苦労せず採れるんです。夏の終わりのこの時期、北部では成虫、南下すれば幼若虫の割合が高くなるという傾向で採れますから、北アジアの春〜初夏に限定した *Ixodes persulcatus* の消長とは大変異なります。高緯度圏での日長

条件の影響などもあるんでしょうか。そういった遊歩道沿いでたまに会釈するトレッカーもマダニをよく知ってますし、犬と散歩する土地の婦人などは「林の中より村周辺の草原に多いのよ」とおっしゃいます。そんなだから、最近の「地球の歩き方」のヨーロッパ編には1ページを割いて、草叢に入ってマダニに咬まれて脳炎に罹らぬようにという記事が出ているほどで、現地ではワクチン接種がかなり普及していますが、それがない日本人旅行者が罹って亡くなった例もあるようです。ましてや、マダニ媒介のリケッチア症ほかの感染例はまだまだ潜在の域を出ないような…

　話を戻しましょう、ハーメンのネズミのことですが、日本では「ハーメルンの笛吹き男」という童話のタイトルで知られていると思いますし、少なくともネズミのことに関わる皆様ならおよその内容などはご存知と思います。が、念のため申せば、これはいわばネズミ捕り男の復讐劇です。微妙な史実に基づいて脚色された格言的、説法的なお話でもあり、もちろん多くの絵本になっています（今回は素晴らしい描画の絵本を買えました）。とにかく、笛を吹くだけで街中のネズミを連れ出したというのですから凄い。いつも捕鼠の方法に悩むことしきりの我々には神的な存在と言えます（だから、ここハーメンはネズミ捕りのメッカです）。しかし、その完璧なネズミ捕りの成果に対する報酬が市側から支払われなかったので、今度は街のすべての子供（目の不自由な一人と足の不自由な一人を除き）を笛で連れ去ってしまったのです。この笛吹き男に引き換え、我々は不十分ながらも科学研究費を得ての捕鼠ですから「文句などなかろう、黙って働け」と言われそうで身につまされます。ともあれ、こういう必ずしもメルヘンチックではない悲惨さも漂う話をテーマとして、街中が観光づいているのです。でも、逆説的には、ネズミも居ない世界なんて、子供が居ない異常な世界と同じということで、人間とネズミが共存する理想的な社会がここにあると言ってます？　ゲゼルシャフトの弊害を排して、やはりゲマインシャフトで行こうという、脱原発を決めたドイツ社会の香り高い反省の念が見えるような？　それと、観光資源として、静かに、そして自然にネズミが繁殖している雰囲気を醸しているだけですから、日本人が多数訪れるありきたりの観光地にはなってなく、街路を歩いてもついぞ我が同胞には会いませんでした。

　改まって、この街にどれだけネズミが居るかと申せば、最初に書いた通り、駅舎のガラス戸のネズミ模様から始まり、橋の欄干を飾る金色のネズミ、また看板や案内板や道路標識や家々のドアにネズミの様々なモチーフ、パン屋では硬く巧みに焼いてヒゲまであしらったネズミが壁や天井まで這い回り、街路にはこれらを追うかのように笛吹き男の足跡が続きます。Ratten Killer というレストランに入ってみますと、お品書きには怪しいネズミにちなんだ料理がずらり、ネズミの尻尾料理というのまであったですが予約なしでは不可というので断念、奥をみればネズミラベルの飲料、そしてネズミが印刷さ

れた黒い T シャツがあったので買い求めました。さて、川沿いのペンション風の宿へ戻って夜食買いに近くのスーパーへ、するとトイレの入口にもネズミと笛吹き男の壁画がある… 極めつけは、街路に立てられた市議会議員選挙の候補ポスターの顔写真に記されたキャッチフレーズに、私の心もとないドイツ語読みながら「私たちの親愛なるネズミの一人、○○氏は… 」とありました。親しみを込めた表現としてネズミ同志と呼び合ってるんです。ご参考まで、この街で表記されたネズミはすべて die Ratte であり、die Maus はありません。笛吹き男はネズミを街はずれのヴェーザー川で溺死させたようですから、*R. norvegicus* ではなく *R. rattus* だったのでしょう。では、*R. norvegicus* は生き延びていたのか、また die Maus はなぜ含まれない、この国が生んだルターが嫌った免罪符など絡むのか、街の周辺の山野では充分な量の野鼠は生き続けていると見えましたが… しかし、追及はしないことにしましょう。

　ちなみに、ハーメンに着いた日の霧雨は、翌日から乾き始めましたので、児童がワイワイ遠足している街はずれの丘の遊歩道でマダニ採集をしてみました（衛星写真で丘が近いことを確かめていた宿から緩斜面を２ｋｍほど歩く）。実質 30 分ほどのハタ振りで充分に採れました。30 分で飽きたんじゃなくて、また小雨がやって来ただけです。

　ハーメン訪問後もマダニ採集を続け、ボンのライン川（市内のホテル・ベートーベンから遠くない広い河川敷）では全く採れずも、オランダ東部の広大なゴッホの森（北海に近く湿気が高い）では *ricinus* の若虫が多く採れました。　　　　（2011 年 9 月 26 日）

2011 年 9 月の欧州調査の経路／フィンランドではタイガにてマダニ採集

ネズミが街中にあふれるドイツ国ハーメンの旧市街（右下は表紙を飾るネズミパンの店）

笛吹きの足跡を伝って山麓まで出ると遠足園地の遊歩道などで *Ixodes ricinus* が多い

補足（台湾、中国内陸〜西域、モンゴル、ベトナム、タイ、ネパール、欧州）

　筆者の海外調査は、幸い文科省そして事業を引き継いだ学術振興会による海外調査の課題採択、ほか厚労省科研の一部も含めて助成を幾多受けられたため、毎年複数回の渡航ができて来た。もちろん、一般的な国際学会や学術交流ではなく、現地協力者と共に踏査するもので、やはり疫学的な問題が多い国の狙った地区に繰り返し渡航することが多かった。しかし、問題のある国や地区のすべてを本書の話題にできたわけでないので、ここでは話題に挙げられなかった国ないし地区についておおよそ触れておく。

台湾

　富士山を超える標高の頂が 10 個もあるとか、九州くらいの土地にぎゅっと詰まった山岳要素と動物相の島である。国情は古き良き中華精神が残るためお付き合いはし易く、それは大陸中国とは大きく異なる点である。筆者は若い頃から数えて 30 回以上は訪れていようか、ただ狙ったライム病感染環は貧弱、紅斑熱群の検出は今一、しかし Io の棲息は苦労の末に確認できたし、ネズミバベシアでも知見は得た。もちろんデリーツツガムシの周辺は古く知見の蓄積があるので、今さら調査対象にはしなかった。車で簡単に標高 2000m に達する山岳地帯ではセスジネズミがドッと捕れるし、山麓ではオニネズミ類や各種ラット系、ジャコウネズミ（銭鼠；チェンスー）が随分捕れ、各都市内の公園でも遊歩道に沿ってチマダニ類がぞくぞく採れたりするので、暇や悩みなどはなく楽しい島である。

台中郊外でトラップ／地方食堂で出るネズミステーキ／阿里山から 4000m 余の玉山を望む

中国内陸〜西域

　筆者らは国内の Ip とライム病を追う中で大陸の状況を知りたくなり、中国瀋陽の中国医科大学を訪ねて内蒙古の大興安嶺で感染環調査を試行した。ここでは湧き出るよう

な Ip からボレリアを高率に検出したほか、後日に仙台で見出すことになった極東紅斑熱リケッチアもイスカチマダニから得ることになった。この旧満州域では白頭山の北面でも Ip を探査、また北京郊外では万里の長城の足元でマダニ相を見た。西安では兵馬俑から華清池でも採集を楽しんだ。調査地元の飲食物は危ないので、西安でケンタッキーを仕入れて南下した秦嶺山脈では、寒い北面で Ip を採りつつ、峠を越えて温い南面に回ったら Io に代わった時は黄河流域と長江流域を股にかけた感深かった（Ⅰの補足［医動物分布の交差点］を参照）。成都から武漢さらに長江を筆者らは人民と家畜の呉越同舟で下って赤壁あたり、その先で船を降りて景徳鎮まで採集ツアーに努めたが良い収穫はなくていたところ、黄山系で Io が得られて溜飲を下げたことは忘れ得ない。天目山から杭州、やや南下して天台山、武夷山（茶の原木あり）では新種ボレリアやネズミバベシアほかも記載できた。そのほか杭州を南西に深く入った盤安では中国の記載を怪しんでいた *Ixodes sinensis*（華南なのに華北の Ip に酷似したリシヌスグループの珍奇種）を得て、実在を確認した。一方、西安から西の西域を知るため新疆ウイグル自治区のウルムチへ入り、天山北路の天池で Ip を多数得たほか、氷河の端にある南谷地区では知らぬ間に標高が 3000m に近づいて息が切れたのでウイグル人から馬を借りて巡った。地元民にトラップを託すと私らよりはるかに多くのネズミを捕ってくれた。食材として棲息スポットを知っているらしい。

浙江省の天台山（比叡山の元祖）／盤安自然保護区前で *Ixodes sinensis* を得る／武夷山系

杭州市西湖から黄山系を望む／同湖岸の福井県友好施設の庭のネズミから新種ボレリア

モンゴル

　ライム病疑いの現地大学生につき相談を受けたのがきっかけでウランバートルを訪れた。感染を受けたという北部森林帯では学生らの支援もあって多数の Ip を得て、ボレリア系を高率に検出し得た。ただ、その学生の感染は後日の検査でアナプラズマ症と判ったが、無効な治療後 1 年余が経っており、日本の純正抗生物質（途上国はカウンターフイット薬が多い）を供与したものの充分な治癒を得ないまま手が離れてしまった。

道路やインフラが充分でない山野に放牧されるヤク／ウランバートルの病院検査室に貼られたライム病の啓蒙ポスター／同市内の自然史博物館に見た医ダニ類の展示

ベトナム

　近年は同国でも恙虫病ひいてはリケッチア類の調査体制はできつつあるので、筆者らはマダニ類に絞って探査した。ハノイから激しい軋み音で眠れぬままの軽便鉄道で入ったトンキンアルプス（中国境に接するラオカイ省の旧仏保養地サパ）の標高 2000m の峠で Io を見出した。これでネパールからタイ、ここベトナムそして秦嶺山脈〜黄山系〜杭州まで続く同種の分布を証明できた。なお、フランスの香漂うハノイの高級ホテル（円換算で格安）にて、同行の I 畝殿は朝食で半生オムレツを供されてサルモネラ中毒になった。

旧フランスの保養地サパへの交通は軽便鉄道のみ／サパの背後にはトンキンアルプス

タイ

　筆者はこの国へも若い頃からよく渡航して来た。北部のチエンマイからチェンライで当初はシャーマントラップを使ったが、やがてカゴトラップに替えて、ツパイまで得たりした。現地人に採捕を任せる方式だと個体数は揃うが、一つの村の家鼠を芋づる式に集めるだけで、疫学検体としての意味は落ち込んだので、手間賃を払わぬことで止めさせた。恙虫病は、チェンライ市一つだけでも月に 100 例とか多数出て、筆者らのグループからも感染者が出た。やがて紅斑熱も確認できるような状況になり、大病院で集めた外来患者の血清検査を行おうとしたところ、血清はエイズ汚染が云々と言われ、検査は延期のままとなった。一度、古都アユタヤから北部ゴールデントライアングルまで北上する採集ツアーもしたが、動植物相の潤沢な地を選ばぬとうまくないことを実感し、チェンマイの王宮のあるドイ・プイ山や最高峰ドイ・インタノンの自然林に入ったらネズミもマダニ（Io 含む）も種々に採れた。特に王宮下？で得たヤマアラシチマダニからはわが国の日本紅斑熱病原種と遺伝的に相同なリケッチア株を得ている。

チェンライ市民病院の外来ホール／熱帯雨林での採集（ネズミなどは東洋区の種）

ネパール

　ネパールは地勢上から熱帯と寒帯の境をなして温帯の回廊のような位置付けがされ、カトマンズは標高 1500m の盆地で、そこから周辺山系の調査は容易に入れる。ただ、政治的には共産主義派マオイストとの紛争や王家内部での撃ち合いなどが続く時期に当たっていたので、山間を行けば国軍とゲリラの双方に行き当たって両者の機関銃を含む各種の銃口を覗き見る場面もしばしばだったが、そこは現地案内人を盾にすり抜けたし、筆者らと兵の双方ともブルーカラーを着てフィールドを徘徊する者同士の妙な共感も通じた。また、現地支援者の手配で野獣避けのピストルを持った警察官が同行して標高3000m 近い深い森へ入り、三度目の正直で同行の I 畝殿が Io を多数採った時は思わず万歳をした。下草は冬枯れだったが、白布を地面に伏せたまま地引網する採集だった。

またある年には、ヒルの谷で F 田殿が転んで全身ヒルだらけに、私もいつの間にか脛に咬着されてヒルが外れた後はズボンの下半が真っ赤の大出血となった。そうこうする中で苦笑したこと、カトマンズ空港の帰りの待合で、O 竹殿と話してる最中、彼の右腕を這う大型のマダニが見えてびっくり、それはネパールに生息するはずなのに採れてなかった 1 cmはあるカモシカマダニだった。早速に回収して「採集地：カトマンズ山間」としたが、こうしたものを「空港産」などと記録されて困ってしまう文献の例もある。

　ともあれ、世界遺産のバクタプールあるいは市内の魔宮の伝説めいた寺院の異様さは興味深く、そうした中で、日本の先人が結核対策で病院を含め支援事業に努められたお陰で、現地協力者はむろん住民一般、ゲリラ兵まで日本人には好意的である。

カトマンズの市街動物園？／警察官立ち合いで？Io を採集／郊外に潜むマオイストと写す

欧州

　EU 諸国では、スイス人研究者の支援もあり、鉄道を活用しての視察、調査を 2 度 3 度経験した。例えば、フィンランドではシベリウスの出生地ラハティで極北の針葉樹林帯タイガを、ドイツではフライブルグ郊外の黒い森やリューネブルグのエリカ（＝ヒース）の丘を、チェコではボヘミアの森の山麓帯を、オーストリアではザルツカンマーグートのハルシュタット氷河湖や市民が闊歩するウイーンの森を、そしてオランダではゴッホの森などを、徒歩あるいは自転車で徘徊して、筆者の及ぶだけは地理病理ないしランドエスケープ疫学の視野を広げた。

フィンランドの湖岸／ドイツの森林鉄道（小海線に似る）／ハルシュタット湖岸

ウイーン市内にみるペスト塔／ドイツ市内薬局のウインドウに並ぶダニ脳炎対策の薬品や
忌避剤など／ロンドンの自然史博物館にある医ダニ関係の展示

欧州で普通にみる最重要種 *Ixodes ricinus* の観察、採集（ウイーンの森／スイスのシオン市
／オランダのゴッホの森）

Ⅴ　道草

1．ねずみ大根とネズミのお宿

　昨秋 11 月後半に、東北のタテツツガムシ調査を終えて福井への帰路で、雨池庵（当宅）に寄ってから長野新幹線で長野駅、そこから妙高越えの信越線に乗り換えるため、長野駅頭で 30 分ほど待合室に入った。中は土産物を満載した店になっているが、出入り口近くに「ねずみ大根あります」と書いたわら半紙が貼ってあり、一見してラット風のものをゴロゴロっと並べたカゴが置いてある。色はアルビノだから、実験用ラットである。なにしろ、下膨れで短い白い胴体に長く細い尻尾（細かなひげ根まで生えて）が、どれにも揃って付いている。おおっと手が伸びて掴んだら、お勘定はこちらでどうぞ、と言う恰幅が良くタイ締めた中年男が立っている。どうみても、この店の店長くらいの雰囲気はあり、随分と力を入れた売り方と思い、なるたけラットに似た 3 本を買った。

　福井へ帰ってから、以前に買ってあった信州地粉蕎麦で蕎麦がきを作り、くだんの 1 本を摺って辛味として食した。もう 1 本は、市丸さんに、辛いのは好きかどうかと言いながら返事を待たずに上げた。手に載ってしまってから、辛いのは苦手なんですけど、美味しいんですよねと言ってくれた。そして 3 本目は、私が長く続けているネズミ型小物の収集品の一つとして保存しようと思いオフィスの座右に置いたが、1 ヵ月半は過ぎてなお、そのままである。若干は痩身となったが未だ腐ってはいないので、ホルマリン漬けにするしかないかと思いつつある。

　この正月になり、この大根の出所顛末が明らかになった。駅で求めた折にさらって来ていた観光パンフレットが台所で置き去りになっていて何気なく繰ると、同じ昨秋 11 月中旬に長野県坂城町で、全国辛味大根フォーラムが開かれ、辛味は当然として色や形も珍しい大根が長野県内と全国から集まり、作り方、商品化が討論され、ねずみ大根収穫の実地研修も行われたと書いてあった。あの長野駅頭でこの大根にまみえたのは、坂城町産業振興課がフォーラムを終えて余ったものを投げ売りしていたものに違いなかったし、あの恰ｒｔ幅のよい売り男はたぶん振興課の役付きであったに違いない。投げ売りであった証拠？は、3 本で 200 円で、私が支払いに抵抗なく、かつワイフに眉根をひそまさなくて済む値段であったから。

　ところで、信州で「おしぼりうどん」と言うのがあり、実はツユにその大根のしぼり汁が加えられていたようであるが、以前に私が食べたのはどうも観光用でさほど辛くしていなかったらしく、そのしぼり汁とは認識できてなかったことも分かった。なお、福

井にはご存知の通り「おろし蕎麦」があるが、これは蕎麦に明確に大根（本当は蕪らしい）おろしがまとわりついているから自然と認識させられる。どちらの味がよいか？あえて申せば、うどんなるものは太くて歯で嚙んではじめて味が出るのでツユが辛くてもさほどうどんの味が損なわれることはない。それに比して、蕎麦は口に入る直前から風味が重要なので（よく喉越しを言う）、私にとっては残念ながら、最初からまとわりついたおろしは主役の蕎麦の風味を殺してしまっているように思えてならない。蕎麦もおろしもよいものなのに、相殺してしまっていることはないのか…　ああ、まだ福井県民の身分だから言っちゃいけないことか、宇野重吉に一喝されそうである。

　しばらくして、松尾芭蕉がこの地（坂城地方）を訪れた折にうどんを食べたことがあったと聞いたので、更級紀行をようやく見つけて繰って見ると「身にしみて　大根からし　秋の風」と、ずばり詠んでいた。秋風が、うどんを食もうと空けた口にすっと吹き込んで来た時、身にしみて、さぞかし辛味が舌そして胃袋まで沁みたものだったろう。もちろん、それは異物を噛んで痛い思いをしたこととは違い、昔はどこでもそうなように手延べうどん（ひょっとして秋田系の稲庭うどん）だったから、曽良と忍び笑いしながら眼が合ったものだろう。思えば、芭蕉の句は巧いというよりなべて素直な気持ちを詠んでいることから、万民に受けるのだろうと、私は今更身に沁みて気がついた。もちろん、ねずみ大根に因って芭蕉論を展開するような文人の自分でないが、拙句を以下に。

　「大根の　ごときネズミをぞ　旅の夢」今年もあちこち旅してネズミ捕りか…

（2010 年 1 月 2 日）

　さて、同じ坂城町界隈に別の話題がある。上記の大根はたまたま鼠体に似た野菜の名であったが、今度は地名にまつわることである。

　先日、厚生科研報告書をしたためる中で、これまでのデジカメ写真画像を探すことがあり、その折にフト出てきた写真があった。信州の「鼠宿」である。同じ国道⑱沿いとしては、群馬県安中市磯部に「雀のお宿」があり、ここは本当に温泉旅館なので泊まれるが、鼠宿は藩政時代の宿場であって、今は「鼠のお宿」は無い（近くに旅館もホテルもない）。ここは上田藩と松代藩の境界ということで宿場町として栄えた。藩の境なので門番が越境者を「寝ず見」していた宿、というのが語源ではないかという説があるとのこと。それだけ重要な宿場であったが、始まりは、真田信之が上田から松代十万石に移封された 1622 年で、藩境の要害「岩鼻」をそなえる鼠の地を北国街道沿いの私宿として整備した折である。街道の道幅は六間三尺（およそ 11.5m；現在は 45m）で、53軒の家があったらしい。この街道の裏に通ずる道として御蔵小路というのがあり、現在の鼠公民館はそこにある。宿場の入口の熊野権現社は桝（ます）形の要害を設けて、村

内の様子が直視できぬようにしてあり、家並みも鋸目状に配置されて直線では見通せなかったらしい。

　「むかし、南条村の鼠宿のあたりに恙虫という毒虫がはびこり、村人たちを大いに苦しめた。この虫は、明るいうちは暗い屋根裏部屋に潜んで夜になると動きだし、寝ている人に食いついては血を吸い取る。この虫に刺された者はたちまちに高熱を発して、三日三晩苦しんだあげく死んでいく。あちらの家では生まれたばかりの乳児が、こちらの家では一家の大黒柱の父親がと、犠牲者が後をたたなかった。このままでは恙虫で村が全滅してしまうと村の長老らが寄り集まり、退治する方法をあれやこれや考えた。が、どれをためしてみてもうまくいかず、最後は神頼みとばかり、村人総出で村の神社に願かけに行った。ある晩のこと、村外れの洞窟の近くを通りかかった若者が、白い大きな動物が走り去るのを目撃した。翌朝早く村人たちと一緒に洞窟にきてみると、描ほどに大きな白ネズミがスヤスヤと気持ちよさそうに寝息を立てていた。このネズミが村に現れてからというもの、恙虫にやられたという声をばったり聞かなくなった。あの白ネズミが恙虫を一匹も残さず食べてくれたんだ、きっと神様が遣わしてくれた神ネズミに違いねえ、と感謝した村人たちは、岩穴に立派な祠を建てネズミの好物をお供えし、それはそれは大切にお祀りした。ところが、おいしいものばかり食べて楽をしていたネズミは、さらに身の丈が四尺五寸（約 136cm）もある大ネズミになり、人里に出てきては畑の作物を食い荒らし、揚げ句の果ては人や馬にも手を出す始末。一難去ってまた一難、お世話になった神ネズミ様とばかりも言っていられなくなり、何か良い手立てはないものかと、また村の長老たちが集まり知恵を出しあった。しかし、この大ネズミを退治できるような大猫は日本中のどこを探してもいなかった。一人の古老が、唐の国に住むという大きな猫に頼んでみてはどうかと提案した。はるばる唐の国からやってきた大猫を目にした村人たちは皆口々に「この唐生まれの唐猫様は、まるでウシのようだ」と言い、さっそく神ネズミのいる岩穴へ唐猫様を連れて行った。急に外が騒がしくなったのを不思議に思った神ネズミが岩穴の外へでてくると、そこには今まで見たこともない大猫が今にも飛びかかろうと爪を磨いているではないか、神ネズミは肝をつぶして岩にかけ登り懸命に逃げたが、会地の近くで唐猫に追いつかれた。唐猫は神ネズミに襲いかかり首にかみついた。神ネズミはあまりの痛さにおもわずそばの岩にカブリと咬みつき食いちぎってしまった。そのとたん、かみ砕かれた所に上流から湖水が流れ込んできて、ネズミも唐猫もともどものみ込まれてしまった。唐猫は自力で下流の篠ノ井の塩崎にたどり着いたが、神ネズミのほうはとうとう上がってこなかった。唐猫のお陰で村に再び平和が戻ってきたのを感謝して人々は、塩崎に唐猫神社を造り手厚くお祀りした。一方、悪さはしたものの恙虫を退治して村を救ってくれた神ネズミも同じように鼠大明神として

岩鼻に祠を建ててお祀りした。この祠があったところが、現在の半過地区の岩鼻の中央部にある半過の穴であるという。また、この神ネズミに岩が咬み砕かれてできた流れが千曲川で、咬みちぎられて残ったところが今の千曲川を隔てて相対している断崖であるという。塩尻という一帯の地名も、この湖の北端であったために「湖尻」から転じたそうな。今は、悪虫やネズミを退治するのは猫ではなくて、人間の中でもたいそう奇特な方々であるとか…

（2010 年 4 月 1 日）

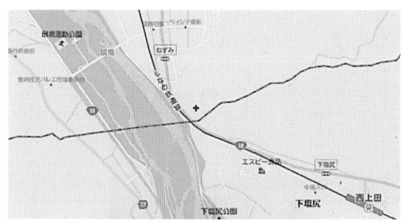

地図に見る上田市の北西郊外にある「ねずみ地区」／白いマウスそっくりのネズミ大根

同地区の国道沿いに立つ道路標識／すぐ近傍に建てられたねずみ地区の公民館

2．紅葉狩りで光秀に詣でる

　小生こと定年前と同じように教育研究に携わらせていただいているが、宮仕えの雑事はなしのため、次第に時間、空間、人間関係で自由な空気を吸うことを覚えている今日この頃…今月初めにタテツツガムシ採集に訪れた広島県の三段峡もあれだけ紅かったのだから、福井県ならもっと良い紅葉になるかなと思ったところへ、胡錦濤が黄砂を吹かせてやって来て日本中がネズミ色に、福井の里山も霞んだ状態に、しゃくであったが自由人の鷹揚さを示しつつ福井市内を皮切りに紅葉狩りに出た。坂本竜馬も謀議をめぐらした足羽山の紅葉を探らんと登り始め、この28年間知らなかった登山道の横道を見つけて踏み込んだところ、「毛谷黒龍神社」に出た。毛谷と書けばケダニだろう、やったと思い馳せ上がると、黒龍とは九頭竜川の俗名であり、大昔に福井市のはずれの毛谷（ケヤ）地区から松平家が移築したもので（銘酒蔵の黒龍も九頭竜川にちなむ）、水を治める水神様だという。この水に引かれて此の地へ来た雨男がいたからこれだけ湿っぽい土地になったものか？　足羽山の次は、福井市から鯖江、武生（今は越前市）へ、そこから東側の里山一帯（福井平野の南半部）を巡るも、黄砂が小雨の煙るがごとくに降り懸かる様はひどく、元々越前の家屋はネズミ色に見えて、里山の谷間に点在する集落はいよいよネズミ色に染まっていった。その里山は東大味町（ひがしおおみちょう）といい、奈良時代から東大寺の荘園があり（今でも米を東大寺に納める）、2年ほど前には花蓮を拝領したといって、地元のメダカの里に蓮池を作ってあった。メダカの里ビオトープという看板の下へ軽トラで乗り付けた地元の親父が、水槽で増やしたというメダカの稚魚を放流し、さらに持参した米糠を湧き水の回流に撒き始めた。「水清くして魚住まずと同じで、ホタルを増やすには餌のカワニナを増やす、そのためカワニナの餌となるプランクトンが増えるように米糠を撒く」と理路整然、そして「近年は人の糞が自然に供給されないからいけない」と力説、「すべて微妙なバランスが必要」と結んだ。さて、気を取り直して見渡せば、えらい大きな屋根の瑞応寺が建っていた。住職が出てきて「今日は、建て替がなった庫裡の内覧会じゃからご覧あれ」とのこと。部屋ごとの角々の収まりが見事な宮大工の手を見ながら、くまなく案内された。この寺は、数キロ離れただけの朝倉本陣の出城代りであったといい、中庭には朝倉時代からの池というのが佇んでいた。そこを辞して、また見回したら、隣の集落に大きな神社の屋根が見える。明治天皇の行幸があったという苔蒸した泰澄大師開基の八幡神社であったが、その脇に「明智神社、細川ガラシャ生誕の地」とある。矢印を100mも進むと、「あけっつぁま（明智様）」と呼ばれる坐像を奉ったちっぽけな祠があった（山形の病川原のケダニ明神祠より小さく、ケダニにはかなわぬ明智さん、ツツガなしとはいかんかった）。その

区域は朝倉氏に依っていた頃の明智光秀の屋敷跡で、近所の農家3軒が、400年以上も逆臣の誹りに耐えて密かに守り通して来たという。光秀は若い頃、妻子（子は細川ガラシャの幼児期）を丸岡の寺に預けて旅で文武両道を磨いた後で朝倉に仕官したらしい。しかし、信長の配下に移った後は、朝倉攻めに加わるなど豹変、次いで越前一帯が柴田勝家の所領となるや、自分の古巣が一向一揆に巻き込まれる戦火から免れるように、勝家から安堵状を取り付けたという。お陰で、この一帯は何の災禍もなかったらしい。しかし、鳥羽一郎「光秀の意地」に唄われるように、堪忍できずに信長を滅し奉ることになる。ところで、ここから南の武生方面には紫式部の住んだ味真野の里、さらに西へ10kmも行けば織田町（今は越前町）があり、国宝の梵鐘を擁する剣神社が威容を誇り、その司が織田信長の先祖である。思えば、信長、光秀、朝倉のせめぎ会いは、東大寺や紫式部が彩なした里山の半径10kmほどの地内に端を発したと言って過言でなく、3家はそこに棲みあったご先祖絡みの確執から私闘を演じたのだということ、まあ、いささか新たな歴史観？として提唱しておきたい。

　ともあれ、時ならぬ砂嵐、いや砂風の中、紅葉狩りの道すがら越前の奥深く古人の営みを垣間見れて思いがけない収穫であった。そう言えば、この地区でネズミ捕りをしたことはないが、古い歴史の土地に住まうネズミや病原体が地域環境の変遷、加えて人間の歴史とどう関連するか、興味なしとしない。　　　　　　　　　　　　　（2010年11月16日）

越前里山の晩秋風景／明智神社（明智光秀の屋敷跡）

3．鼠等を毒殺せむとけふ一夜（斎藤茂吉）

　今年 2011 年も晦日を迎え、私は定年を 2 年過ごした冬である。皆様のおかげで科研費関係の活動は今年も忙しいが、年末を締めるような話でも書いておきたい気持ち、そしてこの半月ほど髭を剃ってない顔から茂吉もどきと言われたのでお話を一つ…

　衛動北日本支部大会が去る 10 月 1 日に山形大学医学部で開催された。北支部は今でも会員だったので出題していた。せっかくなので前日は同県の恙虫病で知られる寒河江市谷地の料理旅館「対葉館」（伝研の長与らが恙虫病調査で 2 階を借り切っていた）に泊まってみようと問い合わせたら既に廃業していた。そこで考えを変え、斉藤茂吉を訪ねるべく上山市の宿をネットで調べたら「寒河江屋」というのが出たのに驚き、すがるように予約した。行ってみると、上山温泉の一角で建て増し続きの古い旅館であった。婆女将が言うには、2 代前に寒河江市から移って来たが、屋号は郷里の名前にしたという。そして、恙虫を知っているかと問えば、それは川原の草原に多くて病気の元になる、とちゃんと答えてくれた。質のよい温泉であったが、熱いお湯は大嫌いなので、客が他にいない時間帯に許可を得て、水で鉱泉レベルまで埋めて首まで漬かることができた。

　さて、斉藤茂吉は歌詠みながら、養父から継いだ精神病院長で余裕もあり、柿本人麻呂以来と評される和歌を中心にした膨大な研究著述を成した学者（文化勲章を受章）でもあった。ただ、相当に臭い人物で、臭いというのはうさん臭いというのでなく、ずばり体臭の話ということらしい。大小便が近い体質から専用バケツに自分の名を記して持ち歩くほどで、とにかく体内外ともに臭いを気にしたとか？　茂吉の妻は北杜夫や斉藤茂太の母親の輝子で、「猛女と呼ばれた淑女」として海外旅行のマニアであったが、その旅行好きはまさか夫の体臭に耐え切れず外に息抜きを求めたという冗談でなく（笑）、茂吉がドイツ留学した若い頃に二人で欧州を渡り歩いた経験から、茂吉の死後に海外旅行に雄飛したのである。ともあれ、今回、私が確認したかったのは、そういう茂吉に虫たちが纏わりついていたらしい事情であった。

　山形市の町はずれ、丘陵を掘り下げて通した山形新幹線の向かい側の小高い場所に茂吉記念館がある。玄関を入ればすぐ、上品な短歌世界の雰囲気が漂って来たが、階下の主展示室に附属する視聴覚室に入ると、壁には南京虫や蚤、蛾などお邪魔虫を並べて描いた 1 枚の色紙が架かっていた。付けられた説明はいかにも楽しく、茂吉の歌を引用しつつ、臭かった彼と虫たちがいかに共生関係にあったかを暴露していた。得たりや、この展示の愉快さは筆舌に尽くしがたく、皆さんにおかれても機会を得て是非の鑑賞をお勧めしたい。そこの説明に挙げてあった歌のほか、歌集「暁紅」を中心に、虫とりわけダニを詠んだ歌がいくつもあるというので、さっそくその歌集を捲ってみると、ダニはもちろんネズミの

歌まであった。殺鼠には尋常でない愉快犯的な性癖があったようで、表題にあげた１首か
らは茂吉の不敵な笑みも偲ばれる。　　　　　　　　　　　　　　（2011年12月30日）

　　以下に、茂吉の歌集でネズミ、またダニなどが詠まれた数首を挙げる。

＊＊

　　ネズミとのバトルハイの心情、あるいは自身の臭さを省みない被害妄想がほとばしっ
たような１首で、むしろ怖～い…
　　　殺鼠剤撒きちらしたる山ゆきぬ数万の鼠移動したれば

　　わがダニに対しては、次のような宣戦布告をしている…
　　　真夜なかにわれを襲ひし家ダニは心足らひて居るにあらやむ
　　　飼ひおきし猫棄てたるは家ダニを恐れしほかの理由もなし
　　　冬すでに寒くなりつつ家ダニと命名したる博士の文に親しむ
　　つまり、散々戦ったあげく、理由を猫に転嫁してしまった。そして、ここにある博士
はもちろん私などではなく、世代が違う、と言うよりも違ってよかった。

　　ネズミやダニのほか、次のように蟻や蚊にも憎しみが向けられている。
　　　箱根なる山家に起臥してゐるうちに蟻を幾疋われ殺しけむ」
　　　吾を刺して体ふくれし蚊がひとつ畳すれずれに飛びて行きたり
　　　万葉の評釈しゐる紙のへに匍ひでし馬陸を吹き飛ばしたり
　　最後の１首にある馬陸はムカデのことで、万葉とムカデが混交するとんでもなく素晴
らしい歌人であった。

＊＊

４．ねずみじょうど（原爆図美術館）

　昨 2012 年の晦日近くに、東京に所用があった帰り道に、ずっと前から見たいと思っていた丸木位里・俊夫妻の「原爆の図」の美術館に立ち寄ることができた。ご承知の通り、埼玉県東松山市の郊外に建つ美術館だが、やや褪せ始めた青色壁の建物であったものの、その雰囲気、環境が良かった。建物裏から広く眺められる都幾川の風景にあり、その河岸段丘の縁には瓦葺のサンテラス風に３方がガラス張りで暖かい 20 畳敷きほどの庵が建っていた（夫妻がアトリエに使っていたという）。中に座ったら 30 分ほどもまどろんでしまった。外は木枯らしで、ほかに客は居なかったし、つい先ほどまで館内の異常なほどの冷えに耐えながら見入っていた原爆の図を網膜からしばし拭って休むにはちょうど良かったのである。とは言いながら、わが国として原爆の３発目を食らったような放射能雲が、こともあろうにこの美術館辺りまでも汚してから群馬県方面へ流れ去ったらしく、今だって、この何処かに放射能のホットスポット（ツツガムシの生態、疫学でも同じ用語を使う）は残ってるかも知れない…

　原爆の図を顕彰碑として見上げて生きるのは日本人の義務の一つとは思うが、日常の風景にあの図が見えっ放しだったとしたら何となく息苦しいのは人間であり、まあ時々に鑑賞するのでよいかと…　でも、原爆も放射能も何も見えない環境にするのが楽と言うのではない、しかし、隠し隠れることが増えている世情も…

　さて、「ねずみじょうど」という寓話があり、「浄土（じょうど）」という言葉が子供には難しいので「おむすびころりん」という話にもなったと言われるが、この寓話を墨絵風の絵本（福音館書店、1967）に描いたのが上記の丸木位里であった。あらすじは、善い爺様から蕎麦餅をもらった地中のネズミが黄金のお返しをした、それを聞いた悪い爺様が、真似をしたものの急ぐあまり悪態ついたために地中から出られなくなり、手足の爪が発達してモグラに分化してしまったというものである。ツツガムシを含む土壌動物が住む汚れのない世界（浄土が地中にあるとは知らなかったが）に急いで手を突っ込んで富を得ようとすればしっぺ返しを食らう。土に手を入れることを幾度となくして来ている我々にとって身につまされる話ではある。そのうち、宮崎の Y 本殿と一緒に宮古の池間島で巣穴のデリーツツガムシを多量に掘り出すことをやってみようかと考えているが、何事でも自分の試料を一網打尽に得ようとするのは調査研究者にありがちな悪癖であるので、あまり欲をかかないようにした方がよいか、今の大河ドラマで流行っている会津藩の「ならぬものは、ならぬものです」という言葉もあることだし、ただ、隣の米沢藩では「何事も、ならぬは、人のなさぬなりけり」とも言うようだし、はてどうすればよいものか？　気を取り直して、この絵本を更にめくってゆくと、最終ページは、いつまでも抜けられずに穴を掘

り続けているモグラの図となっている。このモグラは再び私自身の姿に見えてきて悲しいが、しかし、皆さんの中にも、これを見ればわが身ぞと思われる方はきっと少なくはないだろうと思うことで気休めにした。

　ちなみに、この絵本の途中ページでは地中のネズミが並んで踊っている風の場面も描かれているが、これはフェルメールで有名なフランドル絵画にみた「ネズミのダンス」などが思い出されて…　ネズミは洋の東西や分野を問わず、擬人化されることが多く、ディズニーのミッキーマウスなどは可愛いとして、頭の黒いネズミなどと言う喩えは、人間のよこしまな面をネズミに転嫁している？　ちなみに、私はネズミとの関係から、ネズミに因んだ小物を以前から収集している。集めているとは言っても、得意の安物買いを原則に、訪れた先で偶発的に買える機会に頼っているだけであるが、自宅ではそっと陳列している（まえがきを参照）。　　　　　　　　　　　　　　　　　　　　　（2013 年 1 月 28 日）

丸木美術館裏の旧アトリエ／「ねずみじょうど」瀬田貞二再話・丸木位里画、福音館書店

5．故郷（SADI の歌）

　入日の時刻に北信5岳がシルエットになる山里、それは信州中野市の北辺に広がる。明治時代は永江村と呼ばれた山間地で、豊田飯山 IC が近くに置かれた今でも「日本の故郷」原風景そのものの佇まいである。ここまで辿り着いたのは先週末の5月2日（金）で、千曲川堰堤の延々し菜の花の黄、また花桃の源平キメラ、そして桃の丹が加わった北信の道を巡る途上であった。

　旧永江村の尋常小学校横に立つ高野辰之記念館に立ち寄ると、館内にはあちこち高野の「故郷」の歌詞が飾ってあるので、勢い「恙」の文字が充満した感あり、平仮名と漢字の混じった近年の「つつが虫」になじめぬ私にとってすっきり気分になれた。高野の3大著作のうち「日本歌謡史」を繰ってみれば、例えば「カチューシャの唄」で島村抱月や中山晋平と絡むなど、日本人の文化気風を集大成した意味は大きいと思われるが、このような本で帝国学士院賞を授かった？　私も日本医ダニ研究史でも著せば大きな賞をいただけるのだろうか…　ともかく、厚さ 5cm を超える大部の著作が墨筆による修正で満ちた原稿用紙から拾われて能率の悪い活版印刷で刊行されたのは、現今のように売れ高見込みだけで動く時代と異なり、刊行の行為自体が情熱だったのだろう。妙な言い方だが、明治期には学者、文人の競争度は低く、不断の強い志と機会さえ持てば、世の中が報いてくれたという感はある。上記の中山晋平も高野と同じ信州人で音楽学校職員の同輩、また高野とコンビを組んだ岡野貞一も優れた作曲者であり、高野は彼らの旋律の発想源を生み出す仕事にエネルギーを費やしたと言えよう。つまり、純文学者とは違い、歌や劇を演出し客観する立場に耽っていたものと思われる。

　さて、高野は SADI に強い繋がりがある。心ある方？ならお分かりだろう、この高野が文部省小学校唱歌教科書編纂に参加する中で書いた最も有名な歌詞が、あの「故郷」である。あの、と言われて、尺八と馬場踊りから歌を思い起こすのは、いささか病気に近いが、そうじゃなくて「恙」の文字が SADI と「故郷」をつなぐ接着分子なのである。歌詞の一番で原風景を歌って心を和ませておき、2番で伏線として「恙」を持ち出したと思ったら、3番で志を果たして帰郷しようじゃないかと煽るのである。図らずも研究業績に囚われる者にはそう聞こえる。高野自身はと言えば、明治初期に生まれた故郷を捨てる思いで上京し研鑽していた東京帝大で文学博士号を授かったのを機に、飯山線の蒸気機関車に乗って帰郷し、地元村人がこぞって出迎えたので、ちゃんと故郷へ錦を飾っている。末は博士か大臣かの時代ゆえ、高野はあの「故郷」の3番を書く資格は備えておられたのである。

　話は前後するが、北信の花園地帯に入る基点は小布施町であるが、そこには「日本のあかり博物館」という施設がある。展示の中に、油を舐めるネズミが乗っかった行燈があっ

て、ネズミ物を収集する私にとっては実に垂涎の逸品ゆえ、案内嬢に何処で求められよう
かと訊いたところ、支配人が売るわけにいかないとおっしゃったそうだが、言葉の綾で
「買い取りたい」などと聞こえたのだろう…　「あかり」ついでに申せば、今、本稿を書
きなぐっているのは、医学野外研究支援会（MFSS）信州拠点の「アカリ庵」（長野県軽
井沢町）である。アカリはもちろん acari に由来する。あかり博物館と耳で聞けば素直な
方には明かりが連想されるが、acari を連想するような方が居れば、これも病気に近いか
と…

　そんなこんなで帰宅してから、高野記念館で買い求めてきた藍染の暖簾を居室とラボ室
の間仕切りに掛けてみた。染め抜きで「故郷」の歌詞が１番から３番までも印刷してある
ので、当然２番が暖簾の真ん中に位置しているため、肝心の「恙」の文字がど真ん中に見
えるのである。

（2014 年 7 月 8 日）

千曲川流域に配される桃源郷（北信５岳を望む丹霞郷／野沢温泉村の菜の花畑）

中野市（旧豊田村）の高野辰之記念館で門前に銅像が立つ／館内の案内書きにも「恙」

6. 真田道

　今日、４月３日（日）、「真田丸」は（徳川との）決戦の巻であった。この大河ドラマはけっこう面白いので、先々週、私ら夫婦が信州から福井へ下向する折に真田一族の足跡を経由した。

　かつて真田領の東側は、尾瀬の入り口、群馬県沼田市の沼田盆地まで達していた。関東（北条）と越後（上杉）を分ける干渉地帯にちゃっかり入り込んでおり、大大名にとっては目の上のタンコブながら、平常時は大大名の直接対決が起こり難い必要悪の存在とも言えた。この沼田から西へ、榛名・浅間山系と白根・草津山系に挟まれた吾妻渓谷沿いを真っ直ぐ進めば鳥居峠を経て西端は今の上田市あたり信濃の小県郡に至る。この道は真田道と呼ばれ真田一族の領地であったが、信濃まで出ると今度は東海（徳川）と直面することになった。そうすると、小諸〜碓氷峠にも関わりが出て、大きな視点から言えば、東日本と中・西日本の境目に当たるという実に厄介な存在感の大きい東西ベルト地帯なのである。

　さて、沼田から入っても沼田城址はもう見るべき物がないので、早々に上田方面に向かえば途中に岩櫃（いわびつ）城がある。標高 800ｍ余しかないがミニ剣岳の鋭い岩峰であり（真田丸のイントラに出て来る絵の通り）、この中腹に城址がある。北面と東西面は崖なので南面だけ守ればよく５層の天主があったらしい。山頂への登山道は大岩あるいはナイフリッジに梯子や鎖が連続して険しく、私は頂上の前でリスク回避で戻った。徳川についた真田の長男は関ヶ原合戦の後に沼田に封じられたが、加増を理由に上田も失って松代藩へ移され、すかさず幕府はかねて目の上のタンコブであったこの城を石垣まで崩して徹底破却した。まあ、幕府も幕藩体制の体面を維持しながら経営するのも大変なのである。

　さらに西へ進むと、長野県真田町（今は上田市）に入る。名のごとく真田一族の拠点であった。典型的な盆地の中山間地域で、周囲の里山の頂には城址が点々と残る。その中の曲尾城址に登ったが、標高差 100ｍほどの急な笹を開けた道で、頂上は狭いが石垣も残り真田郷が一望できた。裏斜面を下りると土豪の墓石群があり福寿草が咲き乱れて美しき因習の里の風情があった。

　真田郷からは西だけが開いて直に上田市街に下る。上田盆地は大昔に湖であって、その湖畔にネズミの一族（恙虫病も絡んだと？）が住んでいたが、勇猛な猫に追われて山を噛んで崩して逃れた、そこが千曲川になったらしくて、その流れを天然の外掘としたのが上田城であった。現存の建物は櫓一つしかないが、城内を歩けば確かに石垣ほか防御に長けた微妙かつ複雑な構築の跡が偲ばれる。ついでながら、この城を抜けて北へ長野市方面へ辿るとやがて坂城町、その国道筋に「鼠宿」がある。この宿場町のことはこの連載の第 28 回で紹介しているが、上田藩を追われて隣の松代藩に移封された真田が、それならば

と意地で設けた私宿であった（幕府公認の上田宿と坂城宿の中間）。厳しく品物や人の出入りを見張るため寝ずの見張り番が「寝ず見」ていたのでネズミと呼ばれるようになったという。国道⑱の路肩には「鼠」という道路標識が立ち、鼠の公民館というものも建っている。おまけに、この地の特産にネズミ大根（本章の第１話を参照）というのもあって、ネズミだらけの土地である。

　真田のお城に感心した勢いで、さらに西の安曇野の谷筋の城址も見たくなり車を進めた。松本トンネルを抜けると今日も良いお天気で、春の雪線を引いた北アルプスが乗鞍から白馬まで横一直線で目に飛び込む。大観望を目指した長峰山は林道開通１週前でゲートを入れず、その横道を行くと光城址の登山口なるものが出て来た。南アルプスには光（てかり）岳があるが、ここは城主の名も地名も「ひかり」らしい。えらい急登で標高差は200ｍ近かったが、登るにつれ常念のピラミッドを真正面に北アルプスがいよよ高まり、ついに常念乗越の向こうに槍の穂先まで見える。気が付くと、中型犬が小粋なリュックを背負い、自分の餌と水を持って登って来た。気のいい犬で、しばらくからかったら私に付いて来たいと言うが、飼い主の若いご婦人も付いて来そうなので、社会通念上で別れた。狭い頂上にある光神社でお握りを食べていると、今日は朝から２回目の登りだという男、あるいはやることがないので毎日登るという女など、やや老齢傾向の多くの方々が登って来る、ずいぶん人気の山であった。

　その後も西へ向かい道順で飛騨の高山市に着いたが、高山城址も気になる。豊臣秀吉の命で、越前大野に居た金森長近が両白山地を長々越えて攻め取ったという飛騨の国、私は頻繁に通るにかかわらず、すっかり有名になっている観光用の下町しか見たことはなかったので、この際ゆっくりしようと思った。長近の次代になると、森林と鉱山（銀と銅）が欲しくて仕方なかった幕府によって天領（代官）に換えられて城は不要になって破却された。石垣がちんまり残るだけになって日本人の見物は少なく、むしろ高山観光に来た外国人（アジア人でなく、主に欧米人）がけっこう登って来る。トレッキング習慣の根付いた欧米の国民性によるか知れない。

　長近の仕業を見たからには、長近が最初に縄張りを練習した福井県の越前大野城も見たくなった。近年は天空の城で知られつつあるにかかわらず、自分はこれまで詳細には見聞したことがなかったのである。天主まで一気に標高差100ｍあり、上がると言うより登りであった。荒島岳から白山まで眺望は良かったし、高山へ移る前の長近の活躍も知れ、また長近の数代後に新たに移封されて来たのは土井利勝大老の息子（正妻は津軽藩からという）の利房であったこと、そして江戸時代後半に代に就いた利忠は大野藩が海なし藩にもかかわらず「大野丸」を建造して日本海航路を牛耳ったことなど、詳しく知った。

　以上は、真田道からの城址巡りの情報であり、皆さんが今後「真田丸」を見る折の何か

資料になれば幸いである。それにつけても、地方の内陸の大名が文字通り「孤塁を守る」山城は、その頂から自身の領分を俯瞰するためのものなのか、逃げ隠れする場所だったのか… それぞれだったのだろう。　　　　　　　　　　　　　　　（2016年4月4日）

真田一族がかつて拠点とした岩櫃城で、岩山全体を広く利用した跡をみる

大野城から大野盆地（網の目のような地下水脈がある名水の里）や荒島岳（百名山）を望む

7．暮しの手帖（衛生害虫）

　中山道の信濃追分宿で大名行列の本陣であった旅館「油屋」は、3年前から、2階だけに素泊まりの部屋を残して、階下は骨董あるいはモダンな小店の迷路にするという大胆な模様替えをした。その迷路の奥には相当面積の古本スペースも置かれた。加えて、隣合わせで別の古本屋も建ってしまった。この地域には各地、特に首都圏から様々な分野や職業の2癖も3癖もある方々が下向して来るので、彼らが落としてゆくためだろうか、両店ともになかなかの本が揃っている。ただ、両店に並べてある本に重複がほとんどないのも不思議、と言えばおかしいだろうか。土地柄で信州そして山の関係の本も大変に多くて買い気をそそる。また、理系の本は自然科学分野のものなら内容的に不変で普遍的な知見が多いので使い物になり、それらが平均数百円（10数年前に数万円した図鑑でも 3,000 円など）で買えるのは有り難い。中古とか安売りとかが蔓延するのはデフレ対策のネックかも知れないが年金生活者にはうれしい。蛇足ながら、年金生活のコツみたいものを一言…信州は農産物（発酵食品含む）および多彩な内水面食材が安くて豊富、地元スーパー「ツルヤ」オリジナルの銚子産オリーブイワシの缶詰 200 円余を 3 食続けるような健康食生活でも飽きない。このような食材を摂取し、また美しい眺望の中で微妙な登り降りのある町内を歩く、そんな日々を続けることが長寿日本一を下支えするらしい。まあ、均せば 1 年の半分ほどを住む自分としては気持ちだけでも納得しておきたい点なので…

　さて、くだんの油屋の古本棚に数冊並べてあったのが、今の朝ドラで扱われている「暮しの手帖」のバックナンバーであった。気晴らし時にでも読もうかと、その中で一番古い 70 年ほど前の号（原価 160 円）を大枚 500 円で買い求めた。それが“「ぜに」について”という随筆の特集が載っており、幸田文とか武者小路実篤とか里見淳とか大宅壮一とか中谷宇吉郎とか、何だろう、何気なく寄稿している風で。そして「アレルギーについて」などの記事に並んで「ハエと蚊」という相当詳しい読み物のページもあり、思わず読み入ることになった。暮しの手帖研究室による紹介記事となっており、ハエや蚊の病害、戸籍調べという分類、また生態特性に注目した駆除の方法や考え方を滔々と書いてある。ただ、戦後 10 年足らずの当時とすれば仕方ないこととして DDT や BHC の使用を何の疑いもなく薦めているが、一方で環境的防除への啓蒙にもずいぶん字数を割いているところは、さすがにこの本の精神を具現しているようにみえる。とにかく、取材がしっかりして、漏れがないようにという花森編集長と社員の気概は強く感じた。

　ところで、ネズミやダニについての記事はあるのだろうか・・・数冊並んだ残りのバックナンバーの中に、あるにはあった。アレルギーや刺症絡みの無気門類の解説と防除の記事である。しかし、前気門や後気門の病原媒介性の類は思いもつかなかったようで、ほか

の号をネット検索してみても、アレルギー関係の 2、3 は見つかったが病原媒介のダニ記事は見当たらず、当時の多くはない専門家でも知らなかった（有体に申せば、予想した論文すらなかった）ことなので無理はない。しかし、ネズミについての記事はないのだろうか、在りそうなのだが…　私も暇じゃないのでほどほどの時間で検索はしてみたが、その限りでは一つも見つけ切らなかった。どうやら、終戦まもない日本ながら、またそれだけに、美しい暮しに対峙（退治？）するネズミはタブーだったのか…

（2016 年 8 月 21 日）

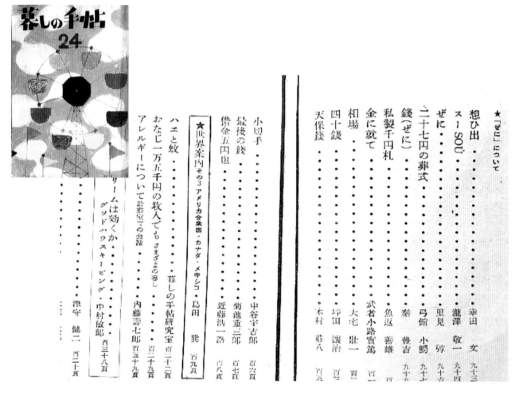

「暮しの手帖」第 24 巻の目次（当時でも今でも有名な文人の筆が並ぶ）

8．お袋と楕円、ネズミ算、ビオトープ

　昨夜ふと眺めた E テレでケプラーの惑星楕円軌道の話をしていた。私が小学校前半の頃、お袋に図形を習った。机上の紙にひしゃげた円が書いてあって、私は円だと言い張ったが、お袋は円じゃない楕円だと言い、しまいに怒る。どう眺めても円なのであるが…半日後に気が付いた、平面のものを斜めから見て立体視しちゃいけないのだ。しかし、この立体視の癖はなかなか治らなかった。だから、メルカトールの世界地図は大嫌いで、できるだけ地球儀に近く描かれた地図や航空ないし衛星画像を好む。そう言えば、7 年前にお祝いいただいた不肖私の退官記念会で自ら所望した記念品は多目的な地球儀であった。お手元に地球儀があれば眺めて分かるが、日本列島がどれほど欧州と近いか、ネパールなどは向こう三軒西隣だとか、ロシアが意外に狭い一方で中国、ブラジルそしてアフリカ大陸が予想以上に広い…これは領土問題というより、ダニの分布に関わってくる問題である。現役の頃はそういう経緯度の行間を読みながら海外調査に努め、今も止めているわけではない。

　正月になればネズミの父母が出てきて、子を 12 匹生むと 14 匹になる。それらが 2 月にまた 12 匹ずつ生む。これが 12 カ月続くと 276 億 8257 万 4402 匹になるというのがネズミ算である。私は子供の頃、これが元で世の中はやがてネズミに取って代わられるという雑誌記事を読んで、夜中じゅうゾッ〜としていた。でも翌朝に、お袋がまた出てきて、心配はしなくていい、餌や場所や気候が限られて簡単には増えないし、あまり増えると人間が毒を撒く。そうか、何でも独走するのは簡単じゃないのだ（トランプが選挙でババ抜きに成功したが、ネズミ算の独走ばかり続くわけもなかろう）。ただそうは言っても、昨今はヤチネズミさらにはハタネズミすら絶滅危惧種に指定される一方、何処を切っても金太郎、どれを聴いても「さだまさし」じゃないけれど、何処で捕ってもアカネズミの世界になってしまった。何処を見てもニホンジカ、イノシシが北上を続けて明治期のように青森県まで戻ってしまいそう、そうなれば、暖帯系の寄生性ダニも一定の緯度までは北上するだろう。木曽路は山の中、藤村に言われずともそうであって、中部圏、特に信州は平野かと見える所でも標高数百ｍ、そこから山岳がせり上がって広大な山城の風情である。この山城が列島の東西ないし南北を大雑把に隔てており、東西南北の要因がすぐには交わないようになっている。だから、日本列島は平面で見ずに立体視すべきで、この点はやはりお袋よりも私が正しいし、昨今は画像診断やドローンまで流行る所以かも知れない。

　ここで思い出したが、当地の北にそびえる浅間山系の地蔵峠に上がる国道の途中で、ある夏の夕方にちょい車を停めてマダニ採集でもと山道に 50ｍほど入った、ふと気が付くと右下 10ｍの笹薮に黒いやつがちょこんと座っている。むむ、と首を傾げて覗くと向う

もちょい横見する。心なしか笑んでいるような、漆黒の毛皮をまとい、首がちょい白い。あっと思い、ゆっくり歩を止めて後ずさり、30ｍ離れてから脱兎のごとく道路に停めた車へ。そう言えば、その道の口には捕獲檻が仕掛けられ「出没注意」とあった。地域の情報には注意深く行動すべきであった。さて、それから3年、今月前半に、金沢市の市街地のはずれで発生したSFTS患者宅の近くへネズミ捕りに行った。そこへは夏にもマダニ採集に行っており、山から150ｍほど出っ張った丸い丘の斜面に大木の根が格子上に現れた裏に巾 1.5ｍほどの大穴があるのを見ていた。ただ、それは忘れており、今回もその丘にトラップをかけて行き、その穴に近づいた。5個単位でかけていた最後の1個を穴の真下にかけようとして、ふと穴の中を覗きたくなり、穴の手前の少しこんもりした盛土を越して首を突っ込んだ。周辺はいささか薄暗いが、穴の中には浅間山で見知った漆黒の毛皮が丸まっていて、首らしい白いアクセサリーも見え…　メイちゃんが大クスの根本の穴で初対面したトトロの丸い体の風で…　ありゃと違和感を覚えて後ずさりしながら、こんな集落に囲まれた所にも居るのか…　そのまま 30ｍ下がって、出てくるか否か身構えるが、出て来ない。そういえば、先刻申したSFTS患者さんを訪問した折にご本人から出た話で、近くの学校グランドにクマが出るんだと聞いていたが、これに相違ない。翌朝、気が乗らないままトラップの回収に行ったが、穴周辺にかけた4個だけはどうにも手が出ず、30ｍ手前に並んで負け犬の遠吠えをするだけ…　この地点では夏のフラッギングでクマ嗜好性のカクマダニ（Ⅰ章の補足を参照）が採れているので、その幼虫が付いたネズミがかかっているかも知れないと思えば残念。ところで、このことは石川県鳥獣保護関係機関へ知らせた方がいいだろうとは思いつつ、むげに駆除されるのも心配だし、どこか山口県在住の著名な女流ハンター？が来てもかなわんし…

　以上は、近年あちこちの市街地と山麓の狭間で豊かに？なりつつあるビオトープを直に体感した実話であるが、当研究拠点で座ったまま動物を眺められないかと思って造成したのがサンクチュアリであり、当ログハウスの東側の窓外に野鳥の餌場を張り出した。さらに、植生の自然遷移を見るため伸びるままにしてある庭木や草叢に沿って木道を通し、浅間噴石を配した池塘めいたものも造った。水心あれば魚心のことわり通り、ほどなく様々な野鳥やリスなどが訪れるという一幅のビオトープになりつつある。そういう中、クリスマスの日に東京のセミプロコンサートにお呼ばれした機会に、明治神宮の森を改めてほぼ完全トレッキングして来た。この神宮は、ご存知の通り、明治期に本田静六博士らが設営した巨大な森林遷移の実験場（前もって軽井沢の環境整備で予備試験をしたと聞く）であり、野鳥はむろん鼠類そして昆虫やダニも豊富に生息する。当拠点のビオトープはその万分の一にも満たないが、森には近いので鼠やダニが常在する日も待ち遠しい。さてさて、なお蛇足を追記すれば、かの神宮本殿を大きく囲む四角の塀には東西南の3門あるが、見

ると西門だけは板材を補強する黒鉄の猪目型抜きが打たれており、こちらが鬼門か、古来から ♥ を打つ「粋」なのだろう。　　　　　　　　　　　　　　　　（2017 年 7 月 3 日）

ミャンマーで求めた「像と虎の死闘」が地球儀と並んだ窓辺／神宮本殿西門の猪目の型抜き

窓外の自然植生の中に木道を通して野鳥サンクチュアリを目指す

９．老海鼠（ホヤ）

　宮古列島池間島に滞在する間、海洋生物につき見聞する中で知ったこと、下等な棘皮動物門ナマコ網は何と「海鼠」と書かれるらしい…　それなら、珊瑚リーフに囲まれた南海の池間島でこの世を謳歌する *Rattus* 属ネズミこそが「海鼠」と呼ばれるべきじゃないか（人間はウミンチュウ「海人」と呼ばれるが、海鼠もウミンチュウと呼ぶべき）。おまけに「老海鼠」と書けばホヤ属 *Halocynthia* を指すということも知った。これは、髭のような根で岩に固着する様から、老人のような髭をもったナマコということである。ちなみに、中国では「海鞘」と書くが、間違って老海鼠と書けばシロナマコを指すようで、しかもそれが「白ネズミ」そっくりの形態だとか、漢字原産国の中国が絡むとますますややこしくなる…　ホヤという名の起源は、ランプの火屋に似るためとも言われ、また樹上で根を張って「寄生（ほや）」と呼ばれるヤドリギの姿からの連想らしい。「海のパイナップル」などハイカラな呼び方はイメージアップの作戦だろうか？　いずれにしても、原索動物門尾索網ホヤ目にはマボヤ科など 12 科があるらしいが、心臓、生殖器官、神経節、消化器官まで備えて我々脊椎動物の遠い祖先である。変態制御因子としてセルロースまで合成できる唯一の動物種で、多様な生物学の研究モデルとして文献は多い。一個体が餌のプランクトンを漉し採るために吸水口から排水口を通過させる海水量は１日にドラム缶 1 本以上で、良質な海流の維持に役立つ環境動物の面もある。国内最大の消費地である仙台地方では、「ほやほや＝にこにこ」という語呂から祝いの味として好まれる。一方、福井県では「ほや〜って＝そうなんですよ」という言葉があり、これを電話で連発する人を見かけるが、私の耳には「ホヤ」ばかり連想されてしかたない。加えて、若狭地方では干したものを大和朝廷へ貢進（税）にしていたが、近年、その干物は東北新幹線で車内販売されている。ついでながら、福井県は全国の眼鏡の９割を産するが、ホヤ眼鏡の会社は何の関係もない。ともかく、韓国、フランス、チリなどで食通はホヤを好むので、ご飯に乗せて食らう私も食通と思える。

　実は、何ともグッドタイミングで、今回の宮古島から帰った翌日、宮城大学の O 竹殿から海水漬けの生ホヤが 10 個も届いた。彼がこの９月に主催した日本ダニ学会で私がツツガムシ病の特別講演をしたことへのお礼だったが、家人はホヤの山には大騒ぎ、私は翌日の昼までにホヤ解剖のエキスパートとなった。解剖の手順は、イボお化けからほとばしる体液を避けながら殻を切開し、黄色く丸い胃袋を取り出して割を入れ、見えてくる黒い癌組織めいた部分を摘除しつつ短冊に切る。そして、殻を盛り皿代わりにして、食品の玄人らしい福井県栄養士会の役員へも配ったが、女史らは「貝でしょうかね？」とおしゃったと聞き、あの素晴らしい柔肉が夜にはゴミに出されるかもと思えば眠れなかった。含ま

れる揮発性不飽和アルコール成分の cynthiaol は、食後に水を飲むと口中に甘く爽やかな味わいが広がるが、この風味が分からねば味盲である。とにかく、マボヤは消化よし、牡蛎と並ぶ優れた海産栄養品である。ホヤは野菜キュウリの時期に食べると良いと言われるためか、出される折は薄切のキュウリが添えられる。キュウリと言えば、ナマコは英名で海キュウリ sea cucumber なので、それならホヤもナマコと似るからキュウリを添えるのだろうとは苦肉のウイット…　連想ゲームを始めたら切りがない。人間への有用性は、「保夜」とも呼ばれるように強壮剤になるとか、ホヤの血球中に含まれる超大量のバナジウムも健康に良いと言われるが、無機バナジウムは発癌性なので WHO はホヤの過食はヒトに発癌性があり得るという位置づけらしい。他方、ラットの試験では糖尿病治療薬になる、抗凝血作用もあるらしいなど、でも確実な生理作用の証明にはホヤを薬膳として山のように食むしかないので、冬の仙台で極東紅斑熱の調査をした夜は居酒屋で山盛りの「蒸しホヤ」をむさぼり食う、私らは実験動物か…

　終わりに、マボヤの学名 *Halocynthia roretzi* の種小名は、明治 9 年（1876）に愛知県公立医学校に招かれたウィーン大学出身の A.von Roretz 博士にちなむ。4 年後には金沢県立医学校へ、同年夏には山形県公立病院の「済生館」に招請され、ドイツ医学の普及に貢献したものの、1883 年にオーストリアに帰り 37 歳で夭逝した。在日中の業績では、癲狂院設立、汚水排導法、衛生警察医官設置、医事新報発刊の建議などのほか、各地から動物を採集してウィーン王室博物館へ送ったので、今もローレツコレクションとして残る。その標本リストによれば、海綿動物から哺乳類まで約 360 種、計 1,450 個体以上にのぼり、学名のタイプ標本も紐形動物、環形動物、多毛類、ユムシ類、節足動物（蛛形類、昆虫類、多足類）、鰓尾類、棘皮動物、そしてホヤ類まで含まれるため、マボヤの命名が同博士に献呈されたのは当然である。　　　　　　　　　　　　　　（2010 年 10 月 18 日）

割つを入れる前と後のホヤ（近年は気の利いたスーパーで清浄な剥き身として売られる）

10. 形から入る

　よく、形から入ると言う。新しい事に当たる場合、内容の把握は置いといて概形、せいぜい太枠だけ確認しつつ、見よう見真似でいいから始めてみるやり方である。

　衛生動物の類を扱う場合、私らは、好むと好まざるに関わらず、形、形態学から入ることになるのは、試料や標本を手に取って始まる仕事ゆえに必然だろう。私が云十年前にツツガムシ研究に入った折、日々扱ったのはネズミ、それも野外に無数に居ると先輩から聞いた野鼠であった。ツツガムシの重要な宿主なので避けることができない割に、手にしてみると分類がいささかに問題ありかなと思えた。ツツガムシ自体については、佐々、浅沼先生がご活躍の時代で、関係の集会に出ればお話も伺えた。しかし、例えばヤチネズミ類（ビロードネズミ属）を細分した専門書を書かれた当時の動物学者は私らの学会には来られないので、精一杯にお手紙でお尋ねなどしてみたが、お答えはなかった。そういう中、若い私は東北地方を青森県から順に南下、関東北部や新潟、長野県そして紀伊半島、さらに中国、四国までネズミ捕り行脚をして、獲れた現物を鼠類の図鑑などに沿って形態分類を試みたが地域と種との整合性がとれない…どうも、本で参照されている標本の産地は私が巡った地域よりも少なくて偏っているような、まさか、このような本は寄贈標本だけを基に分類した風にも見えて…その後いささか年数が経って、今は一般にヤチ類は大きく東と西で２種にまとめられ、私の行脚仮説？も何となく正論風に落ち着いて楽になった。楽になったという意味ではもう一つ、全国でハタネズミが姿を消しつつあり、ヤチ類も容易には捕れないほど減って、ひとりアカネズミ属（アカネズミ、ヒメネズミ）があらゆる環境にはびこっているので、ツツガムシ類の宿主特異性については考察を書く必要がなくなって？悲しいかな楽になった。が、このような動物相の底辺における極端な変貌が、リケッチアほか病原体の消長に影響していないものか、しているはずと思うが、そういった観点からの調査は足りない…

　ところで、家鼠が野鼠の立場になっている地域が時にある。それは野生クマネズミで、南西諸島の所々にみられる。中でもデリーツツガムシが浸淫する宮古島属島の池間島では当該ネズミが増殖してデリーを高密度に維持し、最近の恙虫病患者は島民数百人の中で年間 10 名に達する年すらある。デリーはこの狭小な島だけに見て、検出されるオリエンチアも台湾系など複数の型なのだが、吸着源のクマネズミ自体まで、デリーを見ない宮古本島などのコロニーと遺伝系統が異なることも分かった。私の仮説では、ネズミもデリーも台湾を主とした東南アジアから池間島に偏って流入したためと思われ、その証拠もいろいろ得つつある。池間島と伊良部島は近年になって宮古本島と長大橋でつながったが、ネズミそしてデリーが池間島から転出する日も近いような気がして、関係筋に注意喚起はして

いるが、まだ形からさえ入っていただけてないような？

　日本産ツツガムシの種類は、生態から入るなら北方系（高高度帯含む）と南方系に分けられはする。その南方（およそ福井県以西）のツツガムシにつき形態から入れば、*L.miyajimai* ミヤジマツツガムシという種があり、胴背毛数が少なく、背甲板の後縁張り出しがちょいくぼむのだが同定は悩むほどのレベルでない。最近、この種がアマミノクロウサギに多数吸着して皮膚炎を惹起しているという論文が出たのだが、付された形態写真を見てもミヤジマとは同定できないと思える。ところが、その論文中に、同定は私の図譜によった、とあるので大いに慌てた。なぜなら、私が明記したミヤジマの種々の数値にも合わず、背甲板の特徴（幅と縦の比も含め）も備えてない。中でも後縁の張り出しが弱くて中央部に弱いくぼみがある点などは、著者は「物の形にはいささか歪みなど変化はつきものだ」などと通念的な考えで見過ごしたように思える。しかし、陶芸作家が手作りする花器の凹凸が微妙に変化することと同一視されては困る。同じ花器でも陶器工場の金型で大量生産すれば凹凸も寸分違わぬ品物ができあがる。すなわち、この金型は形態を焼成するタンパク質をコードする遺伝子に当たるだろう。眼で見るムシたちの個々の部位の形（形質）は、それが妙な湾曲や出っ張りや毛むくじゃらなことは多いが、それは基本的には遺伝的に固定されているわけで、ちょうど突然変異さえなければ偶発事ではない。だから、眼で分析する形態学だって、遺伝子レベルの差異を感知してるのだとみなしても可笑しくはない？　形質の差異は初学者の眼には曖昧に見えがちだが、慣れてくれば形質は客観的で誤差も少ないものである点だけは念頭に置いてほしい。もちろん、形質には種々条件に伴う遺伝子の表現型可塑性も時にみられるが、試料の同定作業で支障になることは余りなく、形態学的同定と遺伝子学による同定とはよくシンクロする。もっとも、原形をとどめぬまで毀損した標本または酷似種の確認では遺伝子が分かりやすい。なお、ダニ類は保有病原体の検出試料としてよく使われるが、その場合、丸ごと摩砕するより唾液腺を含んだ内臓をスライド上にこそぎ出してやる方が希釈度も低くて済み、試供した個体の殻（形質）も最終的に残って好ましい。

　ところで、2017 年度 SADI（S 部ホスト）が 6 月中旬に伊勢で開催されたが、その折の某セッションで座長をお受けした中で、M 馬殿の興味あるご発表が思い出される。それは、マダニの体長や体幅の計測値を統計処理したという一見簡単なお話であって、私は“一般に体の外形、大きさは形態学的に変異が大きいとされますが…”などと言った覚えがある。しかし、そう言いながらも、遺伝解析を得意にしていた M 馬殿が形態（＝遺伝子の表現型）なるものの統計処理を試みたとは、ふ〜むと感慨をもった。一般に形態による同定では、第一に信用できるのはある形質が有るか無いか、そして剛毛式などの並び方、さらには前記したような凹凸や曲がり具合も挙げられよう。一方で、計測値を言うのなら、

それらの「比」も重要であって、体の外形の検討ならおよそでも比率を出せば指標にはなり得る（まともにやれば、計量生物学などいささか面倒にはなるが）。こういった形質の比較を文字にしてアミダクジ風に作ったのが従来から用いられる検索表であるが、類似種などが一定のクラスターに収斂する様は、遺伝子によるやはりクジ風の系統樹と似ていて暗示的である。近年、自分もそうだが、同定作業を検索表によらず画像診断？に依る方々が増えており、ついつい安易に絵だけをみること（目見当？）になりがちだが、そういうところから前記のミヤジマツツガムシの同定の問題もついつい出たようには思える。なお、絵の場合は全体像があれば、2、3の形質の比較のみならず全体の比較もできる。例えば、第1脚基節の内棘が長いとか短いとか言う場合、それなら第4脚基節ではどうかなど複数形質を一目で組み合わせて判断できることである。このように、形態学的同定では形質の「組み合わせ」が大切であり、この点は遺伝子分類でもターゲットのタンパク質を変えて確認することと同じだろう。変異の少ない形態的特徴を永く登録して置く場として、やはり検索表による同定手法は捨てられない。それはともあれ、M馬殿からはフロアーで"部分ごとの計測比較がよいだろうか"とお尋ねあったが、その方が良いと思える。なぜならマダニの外形や色だと、脱皮、発育時期また栄養条件などで違って見えるが、基本的な部分の形質なら余り変わらないので…　しかし、ご本人はごっちゃごっちゃ苦労されるから、有用な結果を得る確実な保証はないのに、ぜひにとまでは言えずにいる（笑）。

（2017年7月5日）

宮古島の伊良部島大橋のひどく曲折した形態も固定したものであり、生物体の遺伝的に固定した屈曲形態にも通じる／ウイーンの美術史美術館で見る「バベルの塔」も形の論議で使えば良き材料

11．道（厚子、魁夷、北斎）

　「道」と申しても、もちろん道路の話ではないが、大それた哲学の道でもあまりなく、この 2018 年の前半にいろいろ垣間見る機会のあった「道」について、しりとり風に紹介させていただく。

厚子の道

　6 月 15〜17 日の函館 SADI ではいささか感動した。それは、2 日目午後に函館山の向かい側（北斗市、旧上磯町）に疫学ツアーのバスで連れて行っていただいた折のことで、シュルツェマダニを採集した後、とある農場に連れて行かれ、そこには 20 年余前に確認されたダニ脳炎ウイルス症の患者（S 藤厚子）さんが居られて貴重なお話を伺えたのである。とは申せ、その方への単純な同情などではなく、むしろレスペクトである。厚子さんは帯広畜産大を出られたかつての虫屋さんで、後遺症で不自由な足とはいえ爪先でパソコンも打たれて、関係の NPO の立ち上げなどを含めて現役の活動家でおられる。厚子さんが無念とすることは、ご自分が「稀有な 1 例だけだから」と言われながらも初の顕在例として病態解析や治験に向き合ったにかかわらず、前向きの脳炎対策に充分には活かされ得ず、今再び第 2、第 3 の犠牲が出ている状況で、今後の疫学対応への進展も見え難いという点である…　否、無念以上に、こうした問題はどうすべきか深く考えてほしいと申された点、私らダニ媒介感染症研究の関係者として自身の歯がゆさを痛感した。私自身も西日本での SFTS ウイルス症の症例の疫学調査に当たってはできるだけ患者さんと面談に努め、せめて、症例個々へ直接には触れ得ぬ立場の衛生行政を支援して細かな感染の原因や経緯の説明など啓蒙させていただいているつもりなのだが…　いずれにせよ、厚子女史の道に触れて多くを考えさせられた。近くには女人禁制のトラピスト男子修道院が真っすぐな登り道の奥に聳え立っている土地、どうのではないが、一見しただけならアンバランスな話と風景であり、これが神の深淵なる啓示であるのか、私にはいささか理解がむずかしい。

魁夷の道

　その疫学ツアーの翌日の昼に SADI が終わり、ワイフと新幹線に乗って帰路についたが、隣の車両にはM田夫妻と F 田夫妻が乗り込んでいた。ところが、この便は新青森駅で滞り、車内アナウンスでは仙台の手前で車両故障があって回復は遅れると言う。ようよう八戸に着く頃に、どう計算しても、大宮乗り換えの北陸新幹線で本日中に軽井沢へ着かないと判断された。3 割引きのジパング切符の払い戻しを受けてから八戸駅前のビジネスホテルへ入り、門前の飯屋で八戸のせんべい汁を食べながら、明日は蕪島の海鳥からカヅキダニあるいは鮫駅あたりでイスカチマダニでも採ろうかなと虚ろに思い巡らす。ところが、テーブルにあった観光パンフをみると、あら、種差海岸に「魁夷の道」とある、そういえば、

あの話はここであったかと思い出した。もう来る機会はないだろうと思えば、やはり見に行こうかと…　朝になって、八戸線で鮫駅へ向かう。ちなみに、鮫から帰る昼頃に、この八戸駅前の閉じる寸前の朝市で、ホウボウの煮つけで昼飯を食べていたら、おじさんが言うに、ここが八戸の中心なのに、馬鹿野郎が市街地のはずれにあった尻内駅を新幹線駅として「八戸駅」と呼ぶようにしたんだとのこと、確かに新八戸駅とでも呼べば済むし旅行者にも分かり易いはず…　おっと鉄道の話だけにちょい脱線。さて、この鮫からは観光を兼ねた地域周回バスが連結しており、若干訛りを感じるアテンダント嬢が甲斐甲斐しく案内していた。20分ほども走り、種差海岸北端の大須賀岩礁のバス停で降りると、そこはざざっつと波音が近く、おまけに道路も舗装面がさざ波にうねったような状態であった。見ると、予想外に慎ましやかな角柱が立っており、東山魁夷の「道」の絵が小さく貼られ、ざっと由緒も書かれていた。魁夷の画歴で名高い唐招提寺の壁画などといった壮大さはないが、「道」の絵は彼の画道の中ではメンタルに重要な作品である。この海岸の地も眼を驚かすほどの奇勝ではないが、ほどほど岩礁を配した雰囲気は「道」の絵とよくマッチしていた。好みによっては訪れるのが無駄金と思われないならお薦めのスポットであるし、イスカチマダニやカズキダニも在るので、来て甲斐（魁夷）のない場所ではない。

　この魁夷、彼のほとんどの作品の寄贈を受けて我が信州の長野市に建てられたのが東山魁夷館（善光寺の近傍）であり、くだんの「道」の本物も実はここに所蔵されている。私は福井往復の途中で時折はこの館に立ち寄り、昨秋には「魁夷の愛した第2楽章」などというCDも求めている。ちなみに、魁夷の絵の中でよく親しまれる水辺を歩む白馬とか、深山に一本だけかかる滝とかの図は多くが信州で描かれている（白馬の描かれた水辺は八ヶ岳西麓の小池であり、周りでマダニ採集をしたこともある）。いずれにしろ、この美術館は、既に多くの方がご存じと思うが、心よりお薦めできるスポットである。ただ、今は隣接する県立美術館と一体化させる工事が行われている。

北斎の道

　魁夷館のある長野市の東には栗の菓子で知られる小布施町があり、最晩年の画狂老人が請われるまま長く寄寓していた所である。そこには豪農商で芸術の道に造詣の深い高井鴻山が屋敷を構えて、高齢ながら遠路を江戸からやって来た北斎を先生と呼び、先生は高井を旦那さんと呼び合っていたという。屋敷の二階には北斎の過ごした部屋があり、絵描きにとっては佳きアトリエ、環境だったと今なお感じられる。今は隣接して北斎館が建てられて多くの名作を所蔵するが、元来は北斎作品の下地は大和絵や浮世絵でありながら、ヨーロッパの美術界にジャポニズムを勃興させたことについては、北斎自身は知り得なかったとは言え、実に痛快な話である。そして驚嘆すべきは、著名な作品（あの冨嶽三十六景の完成すら）の大部分が70〜80歳台に描かれたことであり、北斎自身もいわく「70

歳までに描いたものにろくなものなし、73 歳になって生き物の姿が分かってきて、80 歳になるとずっと進歩し、90 歳になったら奥まで見極めることができ、100 歳になれば思い通りに描けるだろうし、110 歳になればどんなものも生きてるように描けるだろう」…これを聞けば、これほどたゆまぬ情熱は年齢と無縁な人間力だと頷かされる。この北斎館の玄関先には 1 本の見事なメタセコイアが聳えているが、長く生き続ける化石樹を選んで植えたのだろう地元関係者の方々の気概を思わしむ。

　末筆になるが、何かネズミに言及しておかねば、恥ずかしながら本書の話として落ちが付かぬので、手元の北斎画集にネズミの絵くらいあるか確認したら、やはり北斎漫画の中に種々の「ねずみ絵」があり、88 歳で描いたという「鮭と鼠」の図もある。

（2018 年 7 月 5 日）

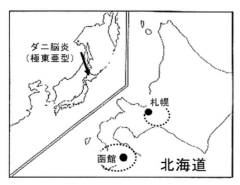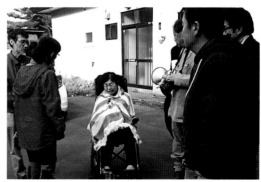

極東亜型ダニ脳炎はかつて函館で、近年は札幌近郊で確認／近傍の牧場に住む厚子女子

八戸市種差海岸道路沿いに立つ「道」案内標／そのバス停前に広がる大須賀岩礁

12. バショウ終いとキスゲ走り

　歳時記をお届けします…　とにかく、筆を執ってから 2 年目の春一杯で最終章にかかっていた医ダニ学図鑑の総括校正が急速に進む中、6 月 30 日は私の誕生日と思えば、身も心も歩きたくてたまらなくなり、7 回目になる尾瀬へ参りました。

　7 月 1 日朝、雨云々ばかりの気象台の発表とは裏腹にいつものように晴れ間が見え来る中、鳩待峠で乗り合いバスを降りますと、山開きの神事とアルプスホルンの演奏に遭遇するといったハプニングでした。参列を終わって、緩斜面を山の鼻まで下りますと，西に至仏山、東に燧岳を見通せる、山としては静穏な標高 1,400ｍの湿原に入りました。原の中央へ進んで牛首分岐、そこから左へ入って山際を行くと知る人ぞ知る花の楽園がひそりと…　なにより良かったのは、今の時節としてヒオウギアヤメとレンゲツツジとワタスゲが満ちる中、もう終いになる春の水芭蕉がリュウキンカと一緒に名残り咲き、傍らでは夏の走りの一日花ニッコウキスゲが咲き出していることでした。どうやら、私のお誕生日は尾瀬の花期を重ねて見られるものであったと判って嬉しく、至仏下ろしのお陰で暑くはない薄日の木道を歩き続け、やがてカッコウの森にさしかかりました…　トラップや flagging はどうした？　それは忘れました…　　　　　　　　　　　　　（2019 年 7 月 4 日）

尾瀬の山開き／尾瀬ヶ原の終いミズバショウと初めのニッコウキスゲ

至仏山の遠望／木道上の小型肉食獣の糞／ヤマドリゼンマイの端正な群落

Ⅵ　自分のこと

１．肺炎の後はトレッキングで一息

　先日、Ｈ田殿とのメール交信で、最近はネズミ考が届かず寂しいとのこと、配信できなかったのは単に機会を逸していただけである。なぜなら、今年は重症熱性血小板減少症候群（SFTS）の発見があり、多くの方々が「今までと違い、これからは？マダニに付かれたら死ぬ」なんて思うとんでもない日々が始まっていた。全国、地方を問わず、NHK、民放、新聞、週刊誌、学校壁新聞（健学社）、もちろん学会や各種セミナーなどに引っ張りだこ、もともと研究者の頭数が少ないゆえ専門家に課せられる仕方ない任務である。NHK全国放送で渋谷のセンターへ伺った折は、まもなく本番が始まろうとしているのに、絵のことでキャスターとディレクターが再調整を始めて、私が本番で見たものは全くぶっつけ本番の画像であった。民放では、ミノモンタのために、２月の寒風吹きすさぶ武蔵野でハタを振らされ、取材クルーと８時間もキャラバンした。さらにおふざけだったのは、「番記者」のため高尾山でハタを振るべく京王線で向かっていたら、ロシアで隕石が落ちて数百人が死んだのでダニ番組は中止との急ぎの連絡、隕石も砕けたろうが私も腰砕けになり、改めて認識したことは、ニュースというのは死んで何ぼ、いや何ぼ死んだらニュースになるかということ…

　それからは、増え始めた商業誌の依頼原稿、これは研究業績にはならぬが、ダニのＰＲにはなって少ないながら原稿料も貰えるかと思えばついつい靡いてしまう。その間、福井県内のマダニ採りや北海道稚内市でのSADI周氷河大会、終わってSFTSの班会議、また学内外の授業と出入り学生の世話、加えて韓国のSFTS発生地でマダニ踏査、そして夏休みなので一息と思ったが、日頃の卑しい習性から、何かをしていないといかんという強迫観念、折りしも絶景探訪のテレビを視てしまって、心身リフレッシュのためには、自分が信州に拠点を持つという地の利を活かすべきだろうと始めたのが高山系のトレッキングであった。若い頃に槍から穂高へ１日で歩き通すなど過去の空自信もあり、車で林道あるいはロープウエイで標高1,200〜1,800ｍほどまで上がり、そこから上へは登山道をゆっくり登るというやり方、壮年は過ぎた私らにも（救助隊としてワイフが含まれる）無理のないやり方と思ったのである。

　ところが、９月上旬の白山行きの後、14日から３泊４日で中国の杭州へ、科研調査と配属学生の留学支援ならびに共同研究者の馬さんの定年祝賀も兼ねて錯綜していた。滞在した３日目から急に異常なほど強い全身の倦怠感に襲われ、我々の心の倦怠期も極まった

かとうそぶきつつ翌日の帰路では回復したかと見えた。ところが、1週後から熱っぽくなり、胸の深いところから湧くようなコンコン咳の中、前から予定していた軽井沢へ向かったが、着いてすぐ国保軽井沢病院にて診察を仰ぎ、熱は 38.5℃、検査では WBC と CRP の高値、インフルは陰性、しかし胸部レ線像では肺野が何となく汚い… 内科の先生いわく、中国帰りの発熱ですが鳥インフルなどの条件は満たさないので届出はしませんが、点滴した上で貴学の附属病院へ戻ってはいかがですか、とのこと。懲りない私は車の夜行運転で帰福して本学感染症内科を受診した。が、待ち受けていたのは、日本初輸入の鳥インフルまたは SFTS の候補生を見る馴染み内科医の視線であり、CT 画像で右肺下部だけに炎症像が見えて気管支肺炎風であったので、I崎殿から入院のお勧め、急ぎ入院したら独房が用意され、空気感染も疑われるからと運転音の大きい空気清浄機が枕の後ろに置かれた。そして、福井衛研で行う鳥インフル遺伝子検査用のスワブを採取、もし陽性なら真夜中でも上階の陰圧室に移して、明朝は県立病院の隔離病棟（北陸で唯一、一類感染症に対応）へ移っていただく旨、昨年にシモコシ型恙虫病で共同した今回の主治医のIヶ谷殿から通告された。まあ、私が中国で何かしていた疑いは拭えず… 真夜中に、衛研のI畝殿からそっと携帯電話あり、ご本人が一番心配でしょうからまず非公式にお知らせしますが「陰性」でしたと、それから2時間後に主治医から「陰性でしたが、一応タミフルを飲んで下さい」…

　翌朝から 24 時間看護の入院生活が始まり、朝な夕なに採血や検温、看護師担当換えの挨拶、いささか不健康などんぶり飯のお三度（丼だと半分も食べられないのに、食欲ないですかと訊かれるので、米はごみ箱へ）、そして夜間も数回の見回り、慣れぬ静養にはコツが要るものだと知った。いつも研究室で苦虫噛み潰したような顔している社会生活不適応の私が朝夕ごとに笑みを醸すよう努めるのも辛かった。そして3日目の夜、水浴びをしたような大量の発汗が3度あって驚きの解熱、翌朝は感覚が一気に健常化したので、下旬に迫った衛動西支部大会の開催準備をパソコンで始めた。まもなく WBC や CRP 値も健常化したので、願って 10 日目（10 月7日昼）に退院した。自由人になったが、何と体重が 66kg と理想値になっていたので憚ることなく、新富（ウドンと蕎麦）、ヨーロッパ軒（パリ丼とソースヒレカツ丼）、大宮亭（上ヒレカツ丼蕎麦セット）という3大味処で食い散らかした。その後、半月ほどで咳は完全収束したので、冬支度で再び信州の家へ向かう途中、白馬八方尾根へロープウエイで上がり、清浄な空気を胸一杯に入れ「一息」の意味を噛みしめた。

　結局、今回の病歴を振り返ると、起因菌不明の市中肺炎ということで終わったが、特段の CRP 値など炎症反応だけが強く駆け抜けた印象で、私を「歩く炎症」などと呼ぶ方もあった。中国に限らず何処かで悪い一息を吸い込んで感染したものか、疲労困憊で日和見

感染が頭を持ち上げたものか、下手な考えだけが頭を巡った…　肺炎の臨床経過をまとめると以下の通りであった。

9月	24	25	26	27	28	29	30	1	2	3	4	5	6	7	8	9	10	11	12	13	14	15	16	17	18日
	軽井沢病院			→	福井大医（一内）へ入院																				
熱	38.5前後				平熱	→	→	→		→			→			→								→	
治療	ロセフィン点滴・アジスロ／タミフル／ニューキノロン（軽い薬疹）																								
WBC	16?	15.2			14.2		8.8			8.1												6.7			
CRP	20?	23.3			25.3		13.5			3.1												0.2			
肝機能		—			弱く↑					—												—			
レ線陰影		軽微		CTで右肺下部に陰影																		半減？			

ここで白状して置けば、ネズミを悪く言うのでないが、肺炎の発症前に訪れた杭州市西湖の宿の裏庭でハリネズミの新鮮死体を回収し、多数のマダニを得て、心臓採血や脾摘も私自身でやったことが思い出され…　消毒や防御はしていたが、帰国してから発病して、報いの針のムシロに座らせられたのは私だけだったので、これがまさかの原因だったか、確証もないのに、何でもありの中国だからと一人疑念へ…

付記：白状と申せば、もう一つ…　2011年2月上旬、あの大変な東日本大震災の地下断裂が起こる1週ほど前、朝に登校するため車に乗り込んだ時、軽くあった飛蚊症が右目一杯に広がった。本学眼科を受診すると大きな裂孔ありと言われレーザー固定、実は飛蚊症を自覚して前に受診はしていたのだが…　目先の実態を知るにはセカンドオピニオンもほしい心理で、1～3か月の間に、福井日赤、一期生の奥さん、5期生の各々眼科を受診したらすべてでレーザー固定をしてくれた。完全な網膜剥離でないとは言え孔は大きかったが、左目による補正もあり視野欠損はまず感じない。ただ、剥離残渣が吸収されるまで2年ほど飛蚊で鏡検が困難であった。　　　　　　　　　　（2013年11月20日）

上記の肺炎の頃に、トレッキングと関連させて文献など調べたことがあるのは、低酸素が炎症を促進させるかということであった。しかし、2,000m越え程度の高地であっても酸素分圧は平地の8割内外になってしまうというトレッキングだって、中高年登山者の多数に肺炎が起こることになるかと申せば、そうではないだろう。肺炎が収まってまもなく、懲りもせず白馬八方尾根に上がって一息の深呼吸をして気持ち良かったとは前に書いたが、その良さは後も続けている。

そうして野外に出る際、私は自他ともに認める"雨男"になってしまっているが、でも、3年前から始めた標高1,500m以上でのトレッキング三昧をよく考えてみるに、以前はネズミ色の空を気にしつつも科研費による出張予定に縛られて動くから雨を避けられ難くて

忌まわしいことが多かったのであり、現在のように天気が晴天になってから動けば、これは常に晴男になれるのである…　これは現役時代には夢のまた夢であったことで、今は自由人ゆえの恩恵、正平さんが言う下り坂最高じゃなく「登り坂再考」である。

　昨年の山行を月別に以下にざっと書き出してみた。今年も登る山こそ違え、似た山三昧になるだろうし、海外の山々（ヨーロッパアルプスなど）も可能な場合は（可能にしたいが）含んでゆく予定である。

　　　月　トレッキングした山ないし高原
　　5　尾瀬（尾瀬沼）
　　6　上高地（岳沢）、油坂峠（九頭竜川源流）、白馬岳（大雪渓）、御嶽山（黒沢）
　　7　蝶ヶ岳（三股）
　　8　谷川岳（天神平）、蓼科山（御泉水）、乗鞍岳（乗鞍高原）、上高地（岳沢）
　　9　浄法寺山（黒岩）、高尾山、白馬岳（大雪渓）、立山（黒部）、能郷白山（温見峠、真
　　　　名川源流）、雨飾山（小谷）、八ヶ岳（高見石、白駒池）、三ノ峰（刈込池）、
　　　　戸隠山（鏡池）
　10　浅間山系（高峰）
　11　瑞牆山、甲武信ヶ岳（千曲川源流）、伊吹山、妙義山経金銅山（石門）
　12　八甲田山（田茂萢岳など）、赤城山（黒檜山）、榛名山（榛名富士）、筑波山、
　　　　旧中山道（軽井沢〜安中）

　ただ、若い頃からあちこち山系を訪ねては山腹でネズミ捕りとハタふり三昧であった習性から、すべての山行で必ず「頂」を極めるということには拘らない。なぜなら、9 合目で絶景が見れてしまったり、同行のワイフの具合がやや悪くなったり、「晴男」の名誉を失いそうな黒雲が広がりなどすれば、さっさと下りるか、途中泊にするからである。槍・穂高をやっていた青年の頃から、山で遭難騒ぎなどは恥ずべきことと思っているので、吸汗透湿の服装や手袋、非常食はもちろん、20ｍの細目ザイルやシュリンゲ、熊知らせ笛も常に背負って、雪氷環境ではアイゼンや小型ピッケルも持つ。何人かで山を登りつつ採集する場合も、私自身は採集量が減ることになっても体力の目一杯は動かず万一には救護員にもなれるようにしたし、気象や環境の急変が迫れば遅れず撤退や中止を提案したりした。だから、アジアの奥地まで調査行三昧であった頃（まだ終わってない）、常にサバイバルできたのはその臆病心によるところ大であったかと自身納得している。

　昨年の師走下旬、所用もあって久方ぶりに吹雪の津軽を訪ねた折は、八甲田山彷徨？を試みたが、ロープウエイの駅舎（1,300ｍ余）を一歩出ると健さんの“死の彷徨”のポスターの通り、−13℃（19ｍの雪風だったので体感温度は−20℃以下）かつ見通しは 20ｍ足らずであった。樹氷に隠れつつ歩いたが、氷雪でカチカチの道であったから壺足にはなら

ずにすんだ…　とは申せ、死の彷徨になるほどのリスクを冒したわけではなかった。

　その後も、懲りない性格なもので、大晦日は赤城山最高の黒檜山（1800ｍ余）に登った。雪氷道ながら問題なく終わったが、その麓にある大沼（火口湖）のほとりの茶屋でお汁粉を啜りながら女将さんと話したら、一つの問題を知った。「福島原発の放射能が群馬県まで流れて来て、セシウムが湖水の深い深度に貯まって、湖水の入れ替えがない地形の湖なものだから、いつまでもワカサギが摂食禁止になっていて、外部から買って来ては言い訳しながら客に出さなきゃならない、損害は終わりが見えやしない、あちこち遠くまで被害が及んでいるのを誰も知らず、東電も補償範囲外と言って相手にしてくれない」口角泡を飛ばす…　汁粉を食べ終わっても串団子とミカンがサービスよと出して来るので帰ることもならず、空はどんどんネズミ色…　　　　　　　　　　　　　　　（2015年1月3日）

現在の地元（肺炎の後に一息入れた白馬八方池／安曇野から北アルプスを俯瞰）

福井県大野市から望む荒島岳／昔の地元青森県で八甲田山の吹雪と樹氷帯にワイフが挑戦

２．頭の黒いネズミ（教職の碑）

　自身のことで恐縮ながら、去る 6 月 30 日に 70 歳を迎えた。ほどほど健康で、さまざまな検査値をみても健常範囲である（通常の検査対象でない眼底に一つ問題はあるが、また 80 歳にでもなれば話そう）。ほんの２，３年前からは、軽井沢に住民票を移して信州のアルプス系を中心にトレッキングにいそしんでいる。青年の頃は、槍、穂高を 1 日で縦走するなど健脚であったので、せめてそういう思いを今一度という気持ちがあるゆえか、1,500m程度の山頂よりも上の雲海を抜いた高さからの眺望を楽しみたいという、お山の大将めいた単純さである。常勤者でなくなった自由な立場からできるだけ好天の日を選んで、1,500m以上の起点まで車やロープウエイで上がってから歩くのである。そういう高度帯では、夏近くなっても足元に *Ixodes* 属がうごめいており、まことに楽しいのである。用に応じて、例えば T 野さんが求める個体群を採るなど有益な支援もできる。いつか万一のことが起こっても、街中でドブに嵌って死んだと聞く幾たりかの偉人よりは、山で消えた方が「本望だったでしょうね」などと言ってもらえよう。

　そんな健康主張にかかわらず、頭頂部の薄さはとみに増し、頭の黒いネズミ（ネズミのように物をかすめるという意味で人間を揶揄する諺）ですらなくなりつつある。寝起きの顔洗いで鏡の中にすっぴんを見て驚愕することも多くなった。そんなネズミの私に 16 年間も寄り添ってきて、このところは必死に足を踏ん張って立っていたミックス犬「チャド」が、2014 年 8 月 6 日（広島原爆の日）にこの信州、軽井沢で亡くなった（犬年齢では 90 歳近いという）。一昨年あたりから互いに老老介護の雰囲気を楽しみ、今年も酷暑をやり過ごすため避暑に来ていた中で、目の前から忽然と消え、喪失感という傷心を強く感じつつある。その昔の私の母親の死では、互いに人間同士の複雑な関係の中で感情と言葉の交流を充分に果たせていたため、この種の喪失感は余り感じなかったが…　犬と飼主は無二の感情交流をもつ関係ながら、実際は独立生計できない息子を 16 年間も抱きかかえて来た風な生活が断絶したことであり、どうにも仕方がない。彼は焦茶色で耳が大きく運動能力は高い中型犬で、家の中で寝起きを共にしたため人間化した側面も感じられる一方、私のフィールド行によく付き合って、青森県から兵庫県の範囲（東京都内も含む）の各地をしばしば転戦、現場ごとに糞尿のマーキングを施したものだった。結果的には、ダニ採り名人となって、Y 野君のボレリア電顕試料などにも彼が生捕した個体が使われた。ともかく、この寂莫感、乗り越えねば彼に笑われる。なお、ワイフはいまだ健在である…

　さて、こんなに薄くなった私が、定年後 5 年も福井大学に居座っているみたい姿は不審に思われよう。もとより、免疫学・寄生虫学という複合教室は、解剖、内科など通常の継続が必須とされる教室とは異なり、時代で揺れ動く単位の一つであり、私が完全撤退す

ればそのまま本分野に携わる頭数が減ってしまうだけで、後継を云々というものでなく、
Ｙ野君が独り、やがては私も老に向かって過ごすしかない。片側の免疫学には夜しか勤め
ないらし沈潜家が独り居られるが、今年度で定年、学内の方針も後継を置かないことになっている。そんな状況ながら、幸い感染症に関心をもたれ懇意にしていただいていた学長や学部長の計らいで、定年後も学部生、院生、看護学生、あるいは学外看護系などで授業や実習を続けつつ、居室と研究室を従来通り専用で使う許可をいただいていたのである。しかしそのためには、通常の名誉教授の出入りなどと違い、全学的に承知いただかねばならないし、昨今のテニュアトラックなど多様な人材登用に伴う実験室のスペース調整に支障をきたさぬよう、医学部枠というよりも福井大学全体の中で実際の研究活動を続けて業績リストなどを提出する必要があった。幸い、学振科研や厚生科研も継続させていただき、関連してさまざまな学内外の任務で小さな貢献に精出して来たつもりである。だから、事実上の教室の維持が今なお出来てはいるのである。そう考えて来て、改めてふと思うが、皆さんは、私の隠れた大いなる業績をご存知だろうか（苦笑）…　　この10、20、30年来、少なくとも国内的にはお腹の虫（ぜん虫類）の問題は激減、ノミ・シラミなど昆虫媒介の感染症もそう、反面、話題が続くのはダニ起因性疾患となってきている感はあろう。そのため、本学の寄生虫学授業も、コアカリキュラム制度の開始を機会に、他学にはない「生体と医動物」なる名称に改め、衛生動物とりわけ医ダニ学を浮き立たせることにした。文科省のコアカリ要領では、衛生動物という範疇は定義されず、寄生虫学という全体枠さえも「生体と微生物」の中に放り込まれた一つの項目に過ぎない扱いになっており、はなはだ遺憾な形なのである。こういった状況になった要因としては、私見ながら、長くお腹の虫的な寄生虫ばかりで来て衛生動物をないがしろにして来た寄生虫学という授業自体の自己欺瞞？があると思う。まるでそこいらに一杯の寄生虫感染が残ってるんだという風な雰囲気作り、そうした説法を受け継ぎ継ぎの私自身であったが、ある時から、私は「あるものはあるが、無いものは無い無いの寄生虫だよ」と言い放つことにした。それでも、私らの職責が無しになることなど無いと自信があるから…　　本学では、この数年の「生体と医動物」授業は、原虫2：内部寄生虫1：熱帯医学1：衛生動物3（ダニ中心）ほどの内訳にしており、ダニの分は6コマで12時間（×90分なので18時間）になる。30年以上前からも徐々に医ダニ学の講義は増やして来ているので、本医学部生はかなりの時間数の医ダニ学を強制的に聴くこととなっている（夏秋先生などの非常勤講義も含む）。したがって、学生は医ダニ学こそ現時点の医動物学分野で最も意義のある項目だと信じさせられ、その知識を余分に帯びた医師が毎年100名も巣立っていることになる。こんな医学部は全国唯一であり、卒後の展開が期待されるのではあるが…　　とは申しても、目立った成果がすぐにどんどん見られるような分野ではなく、国民の保健を潤す底流の一つにでもなれ

ばと、これは真面目に謙虚そうな自己満足である。

　ただ、そんなこんなやってる中、文科省から基礎医学カリキュラムの絞り込みの方針（いずれの科目もそうだが時間数が4割も削減）が出て来た。役に立つ臨床医を育てるための臨床実習関係の時間数を大幅に増やすための方策だとか？　それで、不肖ネズミ男もついに出番が減って来ている。頭が白けて薄くもなってきたネズミは、セルフビルドのログハウスのラボにおいて今日も勝手にジタバタしているが、皆さんには更に10数年間はお付き合い願いたいとだけ望む。

　なお、当ラボ（MFSS 信州研究拠点）を足がかりにして信州を回りたいといった若手の方、あるいは興味ある方なら立ち寄られたい。今夏は8月一杯くらいなら軽井沢に居る予定である（19〜21日は宮古島へ出張あり）。　　　　　　　　　　（2014年8月7日）

髙田の連絡先　〒389-0111　長野県北佐久郡軽井沢町長倉 2012-7（字は雨池だが略すことにしている）　　スマホ：090-8097-5533　e-mail：acaritakada@rice.ocn.ne.jp

16年飼養して亡くなったチャド（よく出来た耳の大きい雄犬であった）

定年後の数年も変わらず福井大学医学部の居室へ出勤している

３．フェチ

　2019 年の始まり、軽井沢駅東口に展開するプリンスのアウトレットも初売りが盛況である。私は自分の生き方？に照らして、数年前までは足を運ぶことはなかったが、近年は必要あれば、よいデザインと機能を求めて利用している。なにしろ、今は一般の店に出かけても在庫なしの憂き目、ネット買いの方が充実しつつあるが、在庫豊かなアウトレットの専門店群が近傍にあるならと利用する気になったのである。靴やシャツ類や防寒衣、ズボン（山用が多い）、また各種の食器などを探るが、これも自分の年齢が嵩む中で眼と耳に多様な社会の刺激を与えることになり、老け防止、いや若返るために悪くないのである。それで、今年は前から欲しかった小型の超軽量バッグ（半日トレッキング用 23 リッター）を求め、50％オフで 3 千円であった。ところが、ワイフは私のことを「バッグフェチ」と言う。何の意味か、後で分かった。確かに、自分はさまざまバッグ類を揃えて来た。もちろん、グッチとかフェラガモなど機能不全の一流メーカー品でなく、国内外の調査などを便利にするための物入れである。大小のザックやスーツケース、ひと抱えあるアルミケースそしてスキーツアー用まであったが、すべてバック類と言えばそうではある。国内外で捕鼠を続けるうち、これら捕らえたネズミの皮をなめしてバッグを作ろうかと、アカネズミ皮のウエストポーチやハンドバッグを試作してみたが、結果、嘲笑を受けるだけで、それを佩いてフィールドに立てることはなかった。そんな風に言えば捕鼠の作業自体も「ネズミフェチ」と言われかねない。ネズミが欲しくて捕るのじゃなく、それにたかるダニ類と媒介微生物を得たいだけだが、一般には理解され難い。前に、研究室配属学生が学生課で、自分たちはネズミ捕りをするんですと言って、驚かれたらしい。媒介感染症の関連と彼らも分かってのことだが、「感染症調査のため」などの枕詞を付けてもらわねば「ゲテ物フェチ」と誤解される…　昨今は「感じ」「大丈夫」「凄い」といった３語だけで物言いが済まされる風で、情報過多の割には表現過疎が増えていると感じるのは杞憂だろうか…

（2018 年 1 月 3 日）

ネズミグッズで溢れたドイツのハーメンで衝動買いしたウエストポーチ

４．子年から丑年へコロナの季節（イヌ預かり）

　昨年 2020 年は子年でネズミ考にかなうかと思ったが、しつこい太陽神コロナにかき回されてしまった。うちでワイフが中心にやらせていただいてる犬の預かりボランティアは、次の丑年になって、タイミングよく子牛のような中年犬が当たったが、預かり期間が切れた後の秋、前庭に実ったシナノスイートとスチューベンがクマに一夜で完食された。犬が居れば入って来なかったろうに…　ただ、この正月に、当家から遠くはない新幹線でクマが轢かれて列車が半日運休になったと聞くので、線路を越して訪れる個体はなくなって、今年は心配ないかも知れない。

　昨秋の Go to travel は大いに利用させてもらった。福井で３つの看護系学院の授業、また調査出張をこなすため 10 数回も利用した。ただ、移動手段は大半が車ゆえルート上の宿利用で１泊当たり 2〜3 千円台で済んだ（地元のクーポンも付く）。しかし、この二階氏の息かかり企画はさぞかしコロナを増やすだろうと思うが、私は日頃取られる税金を回収する者であって加担者ではない。このような行動は、現役の所属をもつ方には無理だろうから、私が社会視察を代行している気分だ。11 月頃から、半マスク（鼻出し、スカスカのお洒落用、外側中央をつまむ！）や半消毒（指先の洗い残し）、またベタ接近（学生は特に）、そして群がり会食の風景をみてるが、これで寒冷と乾燥そして換気なき冬籠りになれば相応の報いは来よう。だからメル友？へは、罹りたくないなら防御に徹しようと話すが、私らのダニ媒介感染症でも高齢や持病がなけりゃ罹患率は高くないだろと平気な方も居られて…　ただ、牛歩に近いリーダーの下では、医学衛生の素人国民は大変である。ハイリスク層への厚い支援は当然として（命を守るためなどと言葉の儀礼は不要）、多くの無症状や不顕性感染の状況は、前の新型インフルの扱いほどにして医療崩壊を防ぐよう考えてほしい。これほど特別扱いの感染症はいかがか（後遺症を軽視するにあらず）、種々の軋轢で自殺者が異常に増え、何より、今は、コロナより深刻な病に罹っても診てもらえないのじゃないかと心配が高まる。　　　　　　　　　　　　　　　　（2021 年 1 月 7 日）

丑年の預かり犬はずばりホルスタインもどきの English pointer／次の寅年は柴になった

5．偲ぶ記…（早逝せる藤田君の霊前に捧ぐ）

　藤田博己君が逝った。逝くの言葉は、彼より相当年長の私の方が相応しいはずだった。私の人生の締め括りは彼にやってもらえるかと思っていたが、偲ぶことになろうとは…

　彼は 67 歳であった。昨 2021 年 3 月下旬に、彼自身から大腸癌Ⅳ期だと聞いていたが、ちょうど 1 年経て弥生の空へ旅立ってしまった。昨今は有望な癌治療法が出て来て生存率も格段に長引いているので何とかなろうと思っていた私らにとっては急な終わりで、4 月 12 日に逝き、家族葬で送ったのが 4 月 14 日ということだった。そこから数えて 10 日後の 4 月 25 日に、私ら夫婦は福島市の留守宅を弔問した。N 子奥さんのお話では、4 月上旬にかかりつけ病院へ投薬処置で行った日に入院を勧められて 1 週ほどで眠りについたらしい。その前には体力が落ちて通勤は電車からタクシー利用になっており、職場では顕微鏡の焦点ネジを回していても指がひとりでに落ちてしまうほどになっていたらしいが、できる限り体を動かして限界を見定めるような闘いを続け、それを関係者へ漏らすことはなかったらしい。思い起こせば、診断がはっきりついた昨年 4 月上旬に彼から届いたメールに「そのうち，ぽっくり逝くかと思いますので、SADI ではごく簡単な黙祷をいただければ幸いです」それからほぼ 1 年後の春、福島市周辺も桜の季節になっており「願わくば花の下にて春死なむ…」という歌が浮かんできた…

　藤田君との初のまみえは、彼が弘前大学農学部 4 年次の夏だったろうか、私がいた医学部寄生虫学教室へ大きなマダニ種を持参した。「教育学部の動物生態グループで下北半島のカモシカ観察に行けばよく刺されるんです」と話した。私は東北地方のツツガムシやマダニの調査をしていたので、グッドタイミングなまみえであった。「これはカモシカマダニだけど刺症としての実態を詳しく調べましょうや」ということで意気投合した。まもなく彼は卒業し、折節に私のダニ類調査にも同道してもらうなどしていたが、私は彼の就職が気になり、いい意味の思い付きで福島市の大原綜合病院へ行かないかと持ちかけた。40 数年も前のこと、私としてもマダニ研究の道を勧めるなんて、普通に申せば無謀？なことであったろう。ただ、かの病院には当時の国内では唯一確立したマダニ媒介感染症「野兎病」に特化した研究所があり、O 原甞一郎院長が所長として頑張っておられた。O 原先生に「藤田君は野兎病の媒介マダニの側面を調べられますので」と紹介したところじきに入所を許された。細菌関係の優れた副所長や専門員もおられて、新たな勉強が始まり、種々の業績も蓄積され、大原年報の編集も任されるようになった。その後は、南西諸島あるいは私の科研調査の東アジア行にも頻繁に参加してもらえて活動は広範に亘り…　折節に思い出す調査旅行の中で記憶が鮮明なのは、1990 年代末にトカラ列島悪石島初の調査に二人だけで行った折、フェリーとしま（初代）での帰路、鹿児島港に着くまで数時間は

中之島から同船した3名と計5名だけで展望室に居たが、その3名が「島人ぬ宝」ほか数え切れないほどに歌いっ放しで、それがビギンの一行だった。何かの理由で奄美からトカラ航路の船旅を選んだのだったろうが、私も藤田君も無言で、お抱えバンドのコンサートよろしく楽しむ夕凪の金色の海原だった…

　その後、2010年以降は母体の病院が新たな経営方針に転換すると同時に大原研究所も閉鎖、それで徳島県阿南市のM原先生が設置されたアカリ医学研究所へ移籍することになった。その間、たゆまぬ活動、そして日本衛生動物学会賞の受賞など、近年の経過は各位も多くを見聞きして来られたと思うので冗長な説明は避けたいが、彼の研究歴の概要だけは先輩同業者の私の視点から後述しておく。

　さて、この「ネズミ考」に沿う事柄を記しておくならば、彼は優れたネズミ解剖術者であった。学術振興会や厚労省の科学研究費により数名単位で各地へ疫学調査に行った回数は多く、現地で捕獲した野鼠類を解剖して種々の試料に分けて感染症起因微生物の検査や培養に供することが常だったが、そうした処理は彼が手際よく進めることが多く、時に一晩で30〜40頭捕れてもスムーズに済んだ。小型の個体でも、毛被から腹膜まで綺麗に開けて目視で心臓から完全採血に心がけ、経皮的心採血の失敗は回避するのがモットーだった。手袋は付けずに素手であったが、問題は起きなかった。いずれにしろ、私が「ネズミ考」で書いて来た50数話のうち相当部分に彼は登場している。そうした活躍だけに小さなエピソードも…　野鼠が捕れたトラップの蓋を押して熱心に覗き込むあまりパッと飛び出されたり、一方で、落ち葉リターをスルスル走る野鼠を直接手づかみにしたりと、ある意味で楽しんでいた。加えて、リケッチア症で各地臨床医から依頼のあった抗体検査への対応は懇切だったし、L細胞を使った分離培養の腕は定評があって多数の分離株を保有して「株主ですけど、地主じゃないから雨降って地固まる必要はないです」などと、雨男の私を皮肉ったりした…

（2022年5月30日）

1976年頃（弘前大学卒業）に岩木山調査／1988年（34歳前後）に台湾のセミナーにて

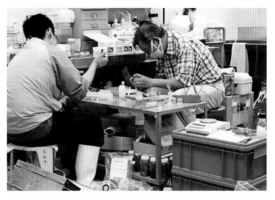

下北半島の調査中に野鼠が手に乗った瞬間／北海道立衛生研究所にて野鼠処理の風景

岩手県内数か所での調査が遠野市郊外の山上で終了となった折にメンバーが記念撮影

科研海外学術調査で中国の黄山系にてボレリア、リケッチア、バベシアなどの感染環探査
／同様の科研海外調査でネパールのカトマンズ郊外にて探査

【藤田博己君の研究歴】

　研究歴は通常なら著作の刊行順に並べて正規の記録とされるが、ただ、論文などは必
その代表研究者だけでなく共同者の都合もあって刊行年代が順不同（時に相当遅れ）にな
ることは少なくないし、一定の成果を得た研究分に絞られる。つまり、刊行のあった分だ
けでは研究歴の実態は捉えずらい。そこで今回は、むしろ学会やセミナーなどでの発表活
動を辿って彼の足跡を偲びたく思う（業績目録は別途で準備）。

1976 年 3 月	・初の研究発表（衛動学会）で「カモシカマダニの咬着例」、以降は東北地方のマダニや宿主とくにカナヘビの調査（1900 年代まで断続）
1980 年末	・大原研究所入所から野兎病調査を開始（2021 年まで断続）
1981 年から	・東北そして台湾のマダニと宿主の調査、福島県のツツガムシ調査開始　小型動物（ヒミズ）から野兎病菌を検出
1988 年前後	・四国阿南地方の紅斑熱発生地でマダニや野鼠の調査またリケッチアの分離を開始（以降は 2021 年まで断続）
1990 年代前半	・徳之島の調査や野鼠のエーリキアやヘモバルトネラ調査に参加
同　　後半	・対馬の感染環調査、北海道シュルツェマダニのリケッチア調査に参加 ・リケッチア類の遺伝子分類学分野と共同開始 ・中国でのボレリア調査に参加、鹿児島県の感染環調査に参加
2000 年代前半	・沖縄県のマダニ調査に参加（以降は断続） ・福島県のタテツツガムシ調査の開始、ヒトバベシア調査に参加 ・IP 法による抗体検査支援を開始（以降は継続） ・トカラ列島、奄美群島調査に参加（以降は継続）
同　　後半	・島根県（隠岐含む）や長野県の感染環調査に参加開始 ・レプトスピラやボレリア（回帰熱系へ）調査に参加増える ・細胞培養によるリケッチア分離法をまとめる ・東北の極東紅斑熱の感染環調査に参加開始
2010 年代前半	・福島県のツツガムシ病調査が増加、岡山県の紅斑熱調査に参加開始、秋田県での古典的恙虫病調査に参加開始 ・島嶼調査（利尻・礼文島、五島列島、宮古群島）に参加 ・シモコシ型 Ot 調査に参加、四国のタテツツガムシ調査 ・香川県や淡路島調査の総括および邦産マダニの保有リケッチアリスト
同　　中盤	・SFTS 調査に参加（以降は断続）、四国のトサツツガムシ再発見
2020 年 3 月～	・調査など散見されるも学会活動は低減へ

6．雨池庵（セルフビルド）付 北海道の昔風景

　軽井沢に住んで涼しかろう（楽だろう）、とは夏になればしばしば言われ、はいとは申し上げる。一方、冬は寒かろう（大変だろう）、と言ってくれる向きはまずないが、実は心地は悪くないのである。長年暮らした福井は良いところで、お付き合いして来た方々も尊敬できる善き方々であったが、冬の季節だけはべちゃべちゃの雪が吹き付けて冷えるのであった。対して軽井沢なら浅間山系の壁で守られた関東圏にあり晴天率が高くて乾燥し、夜間こそ零下の 5℃～15℃内外でも朝日が昇って赤外線が射して来れば案外に過ごし易い。こういったことは、此処に庵を建てる前の 2 か年で確認していた。

　しかし、それにしても、福井に居た者がなにゆえ信州軽井沢なのか、何かの話のついでとか、郵便や宅配含め連絡先の確認の折などにいぶかしがられることは少なくない。そんな状態を 20 年以上続けて、今にしてみればテレワーカーの走りになっていたのだったが、近年は軽井沢にほぼ定住（町民）しているので、いささか個人的な話かとは思ったが、そこらの経緯をお知らせしてすっきりしたい。

【この町を選んだわけ】

　私は 4 代ほど前から雪吹きすさぶ北海道にあり、生まれ育った後、青年期から青森県へ、そして福井県へと、これらの地は冬の底が白くて空は暗～い雪国、それを徘徊して来た（雪国暮らしを例えれば徘徊かも）。そうなれば、自分の終の棲家は日本海側ではまずない、のである。ただ、太平洋側の暑くて水不足の地は厭なので、涼しく、かつ雪は少な目の場所は何処だろう、真面目に考え出したのは 50 歳から…　以前から、ダニ学者の U 川先生がご活躍の信州は好きであり、中でも関東平野から急速に駆け上がったところの文人の溜まり場の高原、そこは浅間山麓であり訪れるたびに新鮮な気持ちを醸す場所だった。1,000ｍ標高から申せば東京方面などを睥睨？するような気分、そして周りを見れば、赤い背広に黒いネクタイで糺すシュルツェマダニが無尽蔵に先住する森である。まあ、終に定める棲家ならこんな所かなと気持ちは乗っていった。その思いを強める要件には次のようなこともあった。

・軽井沢は鉄道でも東京圏に近く、当宅着工の前秋 1987 年 10 月に長野新幹線が開通、上信越の高速道路も開通した。福井－松本間の中部縦貫道もそれなり出来つつあるし、中部山岳帯を貫く在来国道も好きな道である。いずれにしろ、福井を出て各地（海外含め）へ展開する折には有用な中継点になると思われた（建てた後も証明できている）。

・軽井沢町は国から交付金をもらわぬ唯一の自治体であるが、近年の各地自治体の役場建屋は見栄張りが多い中で、ここの役場の造りは質素に小さくがモットーになっている。しかも、町内会みたい集まりへの参加はお構いなしという気風が昔から定着しており、

軽井沢銀座のほか近年開業したアウトレットは年金生活者にとっても優しい存在だと分かった。音楽堂や冬季五輪開催の施設も備わっている。

【居住地所の決め手】

では、この町に住むとして、どの地区が良いか、観光客じゃないので見晴らしや恰好の良さは二の次、生活のし易さと安全性が第一と考えた。そこで町内地図を眺めながら土地を探したところ、この町の始祖とも言える場所を発見した。そこは、この町を買い占めてリゾート開発をなした野澤源次郎翁の別邸に隣接する軽井沢町長倉地内の「雨池」であった（付図）。現在は野澤組「軽井沢高原の家」が残っており、周辺には開発に当たって野澤翁と組んでいた後藤新平ほかの有名別邸、さらには新平肝いりで著名文化人が集まった夏季大学の学舎も、かつては立ち並んでいたという。ちなみに、このような別荘地の縄張りの基は、長野県庁から依頼されて本田静六博士が編んだ「軽井澤遊園地設計方針」であり、それが何と、同博士が2、3年後に着手した明治神宮森の創成のリハーサルになったと言われる。

いずれにしても、当地所は役場や病院、図書館、交通設備（自動車整備、バス停やPHEVの充電スタンドなど）、ほか生活関連の施設が至近な割には森に接して犬の散歩や野鳥への給餌もやり易い。ちなみに、この土地探しの頃はバブル崩壊直後で不動産関係はサドンデス状態であった。

【建築のやり方】

地所は決まったが、上物のイメージはどうだろう…　自ら気が付いたのは"自分が何か場所を決める場合は活動の目的に沿えるように考えるのが常であって、そこに座して寝るだけの場所として考えたことはない"ということだった。そういうことで考えるに、家を建てる場合は一般的にプロに建ててもらうのだから手抜きや手違いは必ず起きるだろう、それなら、自分で建てるのがよいはず、そう、セルフビルド、少なくも手抜きはあり得ない。夢丸（夢の丸太小屋という写真雑誌）の世界といわれるログハウスがよい。石や金属ましてやプラ新建材など扱うのは大変だが、木材のログなら切り刻むことは出来て、生活しながらの加工修正も自由である。木材は断熱や湿度調節そして遮音効果も高く、シックハウスとは無縁で健康によい。

選んだのは年輪が緻密なフィンランドパインで、設計した通り（だろう）のマシンカット部材が横浜港経由のコンテナで届いた。基礎打ちはプロの支援によるが、あとは基本になる壁を自分の設計図通りに組み上げる（20cm角程度で数m長のログを木槌で叩きながら1日に8段積んだ部分もあり、ログ業者は驚きと言う）。棟上げ後は、壁内部の間仕切りなどを設計フリーの部材を加工して自由仕上げ、トイレを含む水回りもやや四苦八苦ながら仕上げて、電気配線も巡らした。春の着工が秋に入って来たので、屋根葺きは屋

根屋の介助を受けた。身の丈に合った無駄の出ない規模の建物なので、休祝日や夏休みを利用して福井－軽井沢間を JR または車（片道 300～400km）で往復して作業、時折はシルバー人材の方の支援も受け、10 ヶ月を経て正月に完成した。この間、科研の中国調査行なども休むことなく続けた。福井の大学内外の関係者あるいは高崎市に開業した一期生の U 都木君ほかさまざまな方々による身や心の助けもあって成就できたと思う。また、着工まもなく福井保健所から譲渡を受けた幼犬も作業の供をし、飼養 16 年目にこの家で亡くなったが、私にとって肝胆相照らす仲であったため、悲しかった。建築作業の期間に 10 以上の職種の方々と接し、ライフラインの底辺を築く職域の方々の笑いや悲しみがよく分かった。基礎や屋根作業で協力を得た職人を見ていると、釘抜きなどを要する場面ではどっかと腰下ろして 1 本ずつ抜く…　当初は悠長やなと思ったが、やがて気付いたこと、このように作業に緩急をつけるのは怪我や拙速を避ける微妙なコツであり、すべて物の進め方で参考になると教えられた。

　以上が軽井沢に棲むことになった経緯であるが、ここ 10 年来は、避暑地としては名物だった濃霧の発生もめっきり減って温暖化が目立つ。この地域に雨は多くないが、付図に記入したように、本地所の近くには野澤別邸に接する清流と池があった、その名称が「雨池」であったので、本表題の通り拙宅を「雨池庵」などと勝手に称したのであるが、私を雨男と思う方々は自然の理とおっしゃるかも知れない。

　ところで、今回はネズミがキャストとして登場してない…　この庵の南側は種々の草木で満たして山林に模して木道も設けてあるので、その辺りに機会ある折はアカネズミを放逐して定住を促してはいる。ただ、白黒ブチの猫が「飼っていただけんでしょうか」と言っては出没するので、何とかせねば…　　　　　　　　　　　（2020 年 8 月 24 日）

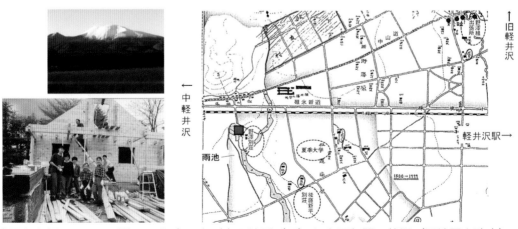

浅間山を望みつつログ積みの記念写真／髙田地所（■）と大正年間の状況（旧地図を改変）

雨池庵（MFSS 信州研究拠点）（2019 年以降、前庭にテラスとドッグランを拡張）

付　北海道の昔風景

　大昔からの歴史的な風景や文物が無尽蔵に遺存されている内地（本州）と比べ、今さら外地とは言わないものの幕末の開拓から歴史が始まった北海道は遺存物が多いとは言えない。しかし、それなり懐かしの風景はあるもので、私が北の地を思わしむ軽井沢に居を構えてしまった理由の一片は、自分が北海道出身であるがゆえの心情かも知れない。しかしどうであれ、一つの機会なので、昔の風景を伝えて置きたいと思う。

　私は雨の申し子でもなく、ましてネズミ一族でもない。私の出生地は北海道の栗山町である。以前、W 杯サッカーのキャンプ地誘致を巡って何と福井県（私も当時在住）と競って敗れたのが栗山町であった。同町はサッカー周辺の事情では優れていたが、選定では別の力学も働いたとかで話題にもなり、私も心情的には複雑であった。

　町名の由来はアイヌ語のヤムニウシ（栗の繁るところ）と言われ、また町の花は同町の藤島翁の育成事業に因んでユリとなったくらいで、幼少時はずいぶんユリ根を食べさせられた。町に接した御大師山（麓の 88 ヶ所を守る寺の現住職は私の同級生）で国蝶オオムラサキの生息が発見されて有名になったが、いつだったかその保護施設を訪れて、私が小学生の頃に既に同蝶を見つけて担任の先生に報告したが公表してくれなかったのだと言ったところ、担当者は複雑な顔をされた。御大師山の続きにトンネル山があり、ここには室蘭本線の過酷なトンネル掘り（樺戸監獄の空知分監の囚人など）の折に、樹齢 300 年のハルニレを切らんとしたら泣いたという「泣く木」が立っており畏れられていた。私は中 2 の夏に、ノコギリを持って行き一太刀浴びせたが泣いてくれなかった。この山はヒグマがよく出たが、二度ほど夕張川（ユウバリガワ）に沿った線路から山腹に立つ姿を見上げた。また、トンネル部を覆う堆積層では貝の化石が無数に採れたし、この山麓の段々畑で

は縄文の黒曜石ヤジリなどを一杯掘った（埋蔵文化財という概念は届いてなかった）。こうした掘り出し物は、理科のＩ黒先生の推薦で校内発表などしたが、この先生は私の卒業近いある日、聴いてねと申されてモーツアルトのトルコ行進曲を弾いて下さった。卒後に当時は珍しい中学のブラスバンドが後記の酒造会社の寄付で結成されると、先生は町の目抜き通りをバトン振って引率されていたが、真っ赤なお顔だった。また、先生が富山で遊学された頃の北アルプス登山の経験談は私の山への憧れを育んだ。私が 40 歳の頃、札幌に移られた先生を訪問したところ予想外ながらゴルフ談議で盛り上がったが、まもなく60 余歳で急逝された。

　上記の夕張川はいわば故郷の川で、対岸には馬追丘陵が伸びて、昨今は北海道衛研が脳炎媒介のマダニ調査をするフィールドになっており、私も時に訪れると、自分の幼少期には予想だにしなかった理由と立場で高台から故郷を望む感慨に耽ってしまう。この川は、明治初期に創業した小林酒造「北の錦」が拠った名水であり、町の名士から台頭して参議院議員となるや栗山町のいまだ砂利だった大通りを黒塗りキャデラック（当時は道内に 2台）で往来していた。町内には、建築産業、高圧コンクリート、電気冶金、帝国製麻など大きな企業も多く、私の祖父も倉庫群を擁する穀物問屋であった。祖父は町の選管委員長を委嘱された時は受けたが、次の町長に立つよう押されると「政治家は嫌いじゃ」と蹴ったらしい。ところが、私の小学校卒業式の日、祖父が来賓代表の挨拶で壇上に立ったのには驚かされ、自分の爺さんの演説を小学校の最後に聴くとは青天の霹靂だった。この祖父には札幌市の博覧会や展示会に国鉄の蒸気機関車に乗ってよく連れ出されたが、そのたびに駅前で見張っていた北海道拓殖銀行（バブル破綻した都市銀行）の行員が挨拶に出てきた。なお、私の母は谷田製菓の社長夫人と栗山高等女学校の同級生だったため、歯に絡みつく麦芽多糖類「日本一のキビ団子」がしょっちゅう回ってきた。私も、上記小林酒造の御曹司のご学友だったので、赤レンガ造りの酒蔵群に接して建つ彼の豪邸に出入りしたが、そちらの家からは酒が回ってくるのじゃないかと思い足が遠のいた。

　札幌から東、室蘭市から北に当たる空知～夕張郡にかけては、北海道開拓の系譜から申せば明治初期から旧仙台藩の士族移民が活躍ないし暗躍しており（吉永小百合の"北の零年"みたいなもの）、栗山町は仙台藩角田支藩（石川家）筆頭家老の泉麟太郎が酒豪自ら断酒して家束にも禁酒を強いて原野を開いたのが緒である。猛烈な吸血性害虫類（おそらく草藪から沸き立つほどのシュルツェマダニも）やヒグマとの闘いだったらしいが、そこに登場したのが夕張鉄五郎なるアイヌ先住民であったと言う。夕張はアイヌ語のユーパロ「鉱泉の湧く所」が語源である。栗山小学校の頃、麟太郎翁（享年 88 歳）の勇名は聞いたが、現地でお世話になった鉄五郎の話は皆無で、いつの世も真実の歴史は暗い。

　なお、栗山町の北半は鳩山地区といい、ここは開拓時代から現政治家の鳩山一族に与え

られた肥沃な土地で、鳩山神社までも現存する。この方角には中学の遠足で火花だらけの雷雨を避けて駆け込んだ雨煙別（ウエンベツ）小学校がある。急に蘇った思い出に訪れてみたら、何と言うことでしょう、古色ゆかしい茜や緑が整然そのままの木造校舎（二階建て校舎として道内最古とか）が道の向こうの曲がりに沿って見えて来て、今はコカ・コーラがリノベーションした環境ハウスになっていた。そのほか、近くには王子製紙の試験林があって木々が北欧風を醸していたのだが、高校からピアノで進学して離れた子の頬が若いポプラに見え隠れした並木はどれだったか、それもこれも、今は祖父の地盤と同様、町の無い無い物の一つになっている… 往時は市制も言われた栗山町だが、今は残る企業も新たな方向性を探る中、むしろ開拓時代の麟太郎哲学に還って豊かな農村へ向かう姿かにも見える。

昔の雨煙別小学校（コカ・コーラ環境ハウスとして再生、宿泊やイベント参加も可）

特定非営利活動法人雨煙別学校 HP の写真を改写

泉麟太郎翁の銅像／小林酒造の煉瓦蔵（文化財）／小林酒造から望む夕張川とトンネル山

文献と検索

　本書に挙げた話題はいわば科学随筆で、専門性の濃い部分もあるので理解を助けるような文献を挙げておく。一般性の高いネズミの文献は少なくてよいが、特殊性の高い医ダニ類とその媒介感染症の文献は多目にした。また、各話題の内容を要約する語句も挙げて検索を容易にした。

ランドスケープ疫学の定義

Reisen WK (2009) Landscape epidemiology of vector-borne diseases. Ann Review　Entomol, 55: 461-483.

本書に関わる著者自身の刊行物

髙田伸弘，高橋　守，藤田博己、夏秋　優（2019）医ダニ学図鑑－見える分類と疫学－．375pp，北隆館，東京．

髙田伸弘（2016）ベクターダニの勃興そして常在感染症の認識へ．衛生動物学の進歩 第2集，p.273-286．三重大学出版，津．

髙田伸弘（2001）古くて新しいツツガムシ病．ダニの生物学（青木淳一編），p.240-25，東大出版会，東京．

髙田伸弘（1990）病原ダニ類図譜．222pp，金芳堂，京都．

本書に関わる内外の刊行物

阿部　永、石井信夫、伊藤徹魯、金子之史、前田喜四雄、三浦慎悟、米田政明（2008）日本の哺乳類．2006pp，東海大学出版会，東京．

太田嘉四夫、阿部 永、小林恒明、藤巻裕蔵、樋口輔三郎、五十嵐文吉、桑畑 勤、前田上田明、高安知彦（1977）野ネズミ類の生物群集学的研究．北海道大学農学部演習林研究報告第 34-1; 119-159.

徳田御稔（1969）生物地理学．200pp．築地書館，東京．

江原昭三編（1980）日本ダニ類図鑑．562pp，全国農村教育協会，東京．

Balashov, Y. S.(1972) Bloodsucking ticks (Ixodoidea-vectors of diseases of man and animals). Zoo I. Inst., USSR Acad. Sc. Nauka, Leningrad (1968) (in Russian; English transl. by Entomol. Soc. America), 319pp., New York.

藤田博己，髙田伸弘（2007）日本産マダニの種類と幼若期の検索．（SADI 組織委員会編）ダニと再興・新興感染症，53-68．全国農村教育協会，東京．

伊東拓也（2013）北海道のシュルツェマダニ Ixodes persulcatus の生息地と記録地．ダニ研究，13：3-8.

Takeda T, Ito T, Chiba M, Takahashi K, Niioka T, Takashima I (1998) Isolation of tick-borne encephalitis virus from Ixodes ovatus (Acari: Ixodidae) in Japan. J Med Entomol, 35: 227-231.

佐々　学（1956）恙虫と恙虫病．497pp., 医学書院, 東京.

佐藤寛子，柴田ちひろ，秋野和華子，斎藤博之，齋藤志保子，門馬直太，東海林彰，高橋守，藤田博己，角坂照貴，髙田伸弘，川端寛樹，安藤秀二（2016）秋田県雄物川流域におけるアカツツガムシ生息調査（2011〜2014）．衛生動物，67: 167-175.

各話に出て来る項目検索

おわりに、自身の歩みも含めて

　拙著は研究仲間との交信記録が中心とは申せ、いささか私的な話題や意見も加味されているため、公私混同と見えなくもない点は汗顔の至りである。ただ、それもこれも、筆者が 1960 年代後半から折節の関係者と共同して来て、近年（2007〜2022 年の約 15 年間）は特に密な仲間同士の切磋琢磨があって、その中で考えさせられたことを綴った随想であるので、至らぬ点はご容赦いただき、まえがきの趣意などお汲み願いたい。

　ちなみに添え書きさせていただくと…　1960 年代までは教育研究の必要性も充分だった寄生虫学分野へお誘いがあり、かつ同分野は医学の中では自然界との接点が一番多いことから、生物学、地学に興味を持つような自分の性分に合うと判断して踏み込んだのだった。ところが、温暖化が加速すると同じゅうして？国全体が温く豊かな生活環境を得て、公衆衛生事情が思わぬ急角度で改善され、同分野の教育研究の対象も国内では消滅して行った。途上国の問題にシフトする道や仕事もあったが、国内対応から離れる点では潔しとはしなかった。一方で、機会ある度に片足は突っ込んでいた課題が医ダニ類のことだった。私にとっては大きな疑問「海外ではさまざまダニが介在する疾患が知られるのに、わが国だけはなぜこんなにご清潔なのだろうか…？」　そこで寄生虫学も医動物学と読み変えられる中「医ダニ学」という看板を自らこさえて 90 度ほど方向転換してみた。すると、実は国内には衛生昆虫とは別にダニが介在する疾患、とりわけ媒介感染症が広く濃く潜在（常在）することが強く認識させられるに至った。それからは、いわゆる専門は何かと訊かれたら、不肖、医ダニ学ですと言い、また言わざるを得ない立場となったのである。そうした中で、まえがきに記した構図の通り、ネズミに対しても私の好奇の眼の焦点が合ったのである。

　一般の読者におかれては、拙著にある話題など日頃聞くことはないだろうが、各地でこうした調査に従事する仲間がいるのは紛れもない事実で、感染症疫学の全体もこうした努力があってこそ成り立っている点だけはご理解いただきたい。

　終わりに、拙著の趣意にご賛同いただき、世に出すため種々の労を取られた牧歌舎、特に伊丹本社の佐藤裕信氏には深甚の謝意を表する。同社のモットー「書き残すことへのこだわり」に啓発されつつ…

2023 年 2 月春が萌す　　　　高田伸弘

ランドスケープ疫学へ向かいて　― ネズミ考 ―

2023 年 3 月 6 日　初版第一刷発行

著　者　髙田伸弘
発行所　株式会社牧歌舎
　　　　〒664-0858　兵庫県伊丹市西台 1-6-13 伊丹コアビル 3F
　　　　TEL.072-785-7240　FAX.072-785-7340
　　　　http://bokkasha.com　代表者：竹林哲己
発売元　株式会社星雲社（共同出版社・流通責任出版社）
　　　　〒112-0005　東京都文京区水道 1-3-30
　　　　TEL.03-3868-3275　FAX.03-3868-6588
印刷 製本 マイプリントコーポレーション株式会社
ⒸNobuhiro Takada 2023 Printed in Japan
ISBN 978-4-434-31640-1　C3045

落丁・乱丁本は、当社宛てにお送りください。お取り替えします。